O AUTOMÓVEL NA VISÃO DA FÍSICA

LEITURAS COMPLEMENTARES
PARA O ENSINO MÉDIO

Regina Pinto de Carvalho
Juan Carlos Horta Gutiérrez

O AUTOMÓVEL
NA VISÃO
DA FÍSICA

LEITURAS COMPLEMENTARES
PARA O ENSINO MÉDIO

1ª reimpressão

autêntica

Copyright © 2013 Regina Pinto de Carvalho e Juan Carlos Horta Gutiérrez
Copyright © 2013 Autêntica Editora

Todos os direitos reservados pela Autêntica Editora. Nenhuma parte desta publicação poderá ser reproduzida, seja por meios mecânicos, eletrônicos, seja via cópia xerográfica, sem a autorização prévia da Editora.

PROJETO GRÁFICO
Diogo Droschi

CAPA
Alberto Bittencourt
(sobre ilustração de Mirella Spinelli)

ILUSTRAÇÃO
Mirella Spinelli
Henrique Cupertino
Flávio Henrique Dias Lasmar

DIAGRAMAÇÃO
Tamara Lacerda

REVISÃO
Vera Lúcia de Simone
Cecília Martins

REVISÃO TÉCNICA
Ana Márcia Greco de Sousa
Ramayana Gazzinelli

EDITORA RESPONSÁVEL
Rejane Dias

Dados Internacionais de Catalogação na Publicação (CIP)
Câmara Brasileira do Livro, SP, Brasil

Carvalho, Regina Pinto de
   O automóvel na visão da física : leituras complementares para o ensino médio / Regina Pinto de Carvalho, Juan Carlos Horta Gutiérrez. -- 1. d ; 1. reimp. -- Belo Horizonte : Autêntica Editora, 2024.

   ISBN 978-85-8217-259-9

   Bibliografia

   1. Automóveis 2. Física (Ensino médio) I. Horta Gutiérrez, Juan Carlos. II. Título.

13-08110   CDD-530.07

Índices para catálogo sistemático:
1. Física : Ensino médio   530.07

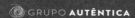

Belo Horizonte
Rua Carlos Turner, 420
Silveira . 31140-520
Belo Horizonte . MG
Tel.: (55 31) 3465 4500

São Paulo
Av. Paulista, 2.073, Conjunto Nacional
Horsa I . Salas 404-406 . Bela Vista
01311-940 . São Paulo . SP
Tel.: (55 11) 3034 4468

www.grupoautentica.com.br
SAC: atendimentoleitor@grupoautentica.com.br

Inúmeras pessoas nos ajudaram a escrever este livro. Agradecemos a todas elas e, em particular, ao Sr. Marcos Barbosa Furtado (Teccar) que, além de nos dar diversas informações técnicas, cedeu as peças automotivas que aparecem nas fotos; ao instrutor de pilotagem Patrick Wajnberg, pelas inúmeras informações sobre o voo de aviões; aos professores Ana Márcia Greco de Sousa (rede estadual de Minas Gerais), Ramayana Gazzinelli e Paulo Roberto Cetlin (UFMG), que revisaram o texto e nos enviaram valiosas sugestões; aos professores Elisângela Silva Pinto (IFMG, Ouro Preto), Natália Rezende Landin (UFV, Florestal) e Orlando Gomes Aguiar Jr. (UFMG), que nos cederam espaço em seus cursos de Licenciatura de Física para que as atividades do livro fossem testadas; ao Tavinho Moura, que nos ajudou a escolher as letras de música que iniciam cada capítulo.

Belo Horizonte, agosto de 2013.
Regina e Juan

DALTONISMO

O daltonismo é assim chamado em homenagem ao químico inglês John Dalton (1766-1844), que tinha essa condição e foi o primeiro a descrevê-la. Pessoas daltônicas têm dificuldade em distinguir as diversas cores, sendo mais comum a dificuldade em distinguir o vermelho e o verde. Por ser uma característica relacionada ao cromossomo X, o daltonismo é mais frequente entre os homens, acometendo cerca de 8% da população masculina e menos de 1% das mulheres.

Existe, portanto, parcela considerável da população afetada pelo daltonismo. Ela não é contemplada com nenhum tipo de política pública que facilite seu aprendizado escolar ou mesmo sua vida em sociedade. Em particular, no ensino de disciplinas que envolvem gráficos e mapas, a falta de atenção a essa condição pode tornar ilegíveis os exemplos mostrados em livros e em sala de aula, impossibilitando a compreensão do assunto.

Procuramos neste livro adequar as ilustrações para que sejam legíveis para a maior parte dos daltônicos. Para isso, tivemos a ajuda de inúmeras pessoas. Em particular gostaríamos de agradecer a Dennis Overton (Austrália), T. J. Waggoner (Estados Unidos) e aos irmãos Victor e Daniel Renault Vaz (Brasil). Se você, caro leitor, é daltônico e teve dificuldades na interpretação de alguma ilustração do livro, por favor, faça contato conosco, para que possamos melhorá-la nas próximas edições.

"You have produced a very good book, taking into account most colour defective vision perception issues. I wish all authors would 'take a coloured leaf from your book' so to speak."
The Colour Blind Awareness and Support Group Australia.

(Vocês prepararam um livro muito bom, que leva em conta a maioria dos problemas do daltonismo. Gostaria que todos os autores fizessem o mesmo.)

"I would like to commend you on making a physics book that is easier for children with color vision deficiencies (CVD) to understand. That shows that you are a forward thinker and I appreciate it greatly. I can't tell you how often I had difficulties with book images and graphs while reading them in high school and college due to having a CVD."
T. J. Waggoner, Konan Medical USA, Inc.

(Parabéns por fazer um livro compreensível para jovens com dificuldade na visão das cores. Isso é louvável e mostra um pensamento avançado. Por ser daltônico, tive inúmeras dificuldades com figuras e gráficos, nos livros do ensino médio e da universidade.)

INTRODUÇÃO 11

CAPÍTULO I

O MOTOR 13
    O motor de quatro tempos 14
    O ciclo termodinâmico
    do motor de quatro tempos 16
    Combustíveis automotivos 18
    A sonda lambda 22
    Catalisadores 24
    O sistema elétrico do automóvel 25

CAPÍTULO II

O CHASSI 29
    Sistema de transmissão 30
    Os pneus 32
    Sistema de direção 35
    Sistema de suspensão 36
    Freios 38
    Falha nos freios – a fadiga térmica 40
    Tração dianteira ou traseira? 42
    Como frear um avião 43

CAPÍTULO III

A CARROCERIA 49
    O material da carroceria 50
    A forma da carroceria 52
    Solda 53
    Instrumentos do painel 54

CAPÍTULO IV
EQUIPAMENTOS DE SEGURANÇA E CONFORTO 57

Faróis 58
Distribuição da carga 59
Lâmpadas intermitentes 60
Espelho retrovisor 61
Cintos de segurança 62
Air bags 63
Sistema de refrigeração do habitáculo 64
Sistema de aquecimento 67
Redução de ruídos num automóvel 68
Quanto de energia da gasolina é utilizada
para movimentar uma pessoa? 71

CAPÍTULO V
NOVAS TECNOLOGIAS
APLICADAS AO AUTOMÓVEL 73

Uso do hidrogênio como combustível 74
Motores e geradores 75
Carros elétricos 76
Carros híbridos 78
Células a combustível de hidrogênio 78
Veículos autônomos (sem motorista) 80
Suspensão de Bose 81
Sistema GPS 82
Tintas do futuro 83

CAPÍTULO VI
PREVENÇÃO DE ACIDENTES 85

Semáforos 87
Semáforos e daltonismo 89
Medida da velocidade dos veículos 90
Medida do teor de álcool no sangue 93

SUGESTÕES PARA LEITURA 95

INTRODUÇÃO

O automóvel é um exemplo claro de como a Ciência pode facilitar a vida das pessoas: através de uma rápida transferência de informações entre a comunidade científica e os setores industriais, as últimas descobertas se transformam em desenvolvimento tecnológico, melhorando cada vez mais esse popular meio de transporte e transformando-o em objeto de desejo de grande parte da população. Além disso, por ser algo amplamente usado na vida atual, a população, em geral, e os estudantes do ensino médio, em particular, manifestam grande curiosidade sobre seu funcionamento. Esse fato pode ser usado a favor da divulgação dos conceitos científicos.

"Sem a Física, o automóvel não poderia funcionar" – essa frase, de um internauta professor de Física, reflete bem o pensamento dos autores deste livro. Procuraremos nele mostrar alguns pontos interessantes sobre o funcionamento do automóvel e sua relação com os conceitos de Física discutidos no ensino médio.

O automóvel pode ser descrito como constituído de três sistemas: o motor, que fornece a potência necessária ao seu movimento; o chassi, que proporciona a estrutura imprescindível para o seu movimento controlado; e a carroceria, que protege o conjunto passageiros-carga-mecanismos e serve de suporte aos instrumentos de navegação. Nos três primeiros capítulos, esses sistemas são descritos resumidamente, em tópicos que ilustram a relação entre os conceitos de Física e o funcionamento do automóvel.

A seguir, são abordados alguns equipamentos que proporcionam segurança e conforto ao condutor e aos passageiros do veículo, novas tecnologias empregadas atual ou futuramente nos projetos de automóveis, e equipamentos de prevenção de acidentes de trânsito. Em todos esses assuntos, os conceitos de Física são essenciais para se compreender como funcionam os itens descritos.

Ao longo do livro, são propostas atividades experimentais que, usando material de fácil obtenção, ilustram os conceitos de Física em que se baseiam os diversos componentes automotivos.

O livro é dedicado ao professor do ensino médio, que poderá utilizar os diversos textos como complementação de suas aulas de Física, contextualizando os conceitos ensinados através do automóvel, que faz parte da vida diária de seus alunos. Ele mostra também a inter-relação entre as diversas disciplinas: Física, Química, Ciência dos Materiais, Engenharias, etc.

Além de servir como apoio didático, esperamos que o livro seja útil para pessoas curiosas que desejam aprender um pouco mais sobre seus veículos.

CAPÍTULO I
O MOTOR

Vejo caminhões e carros apressados a passar por mim ...[1]
"Sentado à beira do caminho", Roberto Carlos e Erasmo Carlos

O motor usado em automóveis atuais é o chamado motor de quatro tempos, criado na segunda metade do século XIX e aperfeiçoado desde então, para permitir maior eficiência, conforto e segurança durante o seu funcionamento. Seu ciclo termodinâmico é peculiar e mostra os pontos onde sua eficiência pode ser melhorada. O tipo de combustível usado, a mistura deste com o ar e o tratamento da exaustão também se mostram importantes, quando se estuda o aperfeiçoamento do motor automotivo. Finalmente, é preciso considerar o sistema elétrico que dá suporte ao motor de quatro tempos.

---
[1] Neste capítulo, veremos que os motores de carros de passeio diferem em sua concepção dos motores de veículos pesados.

O motor de quatro tempos

O motor de quatro tempos tem câmaras cilíndricas cujo volume interno pode ser alterado através do movimento de um pistão e funciona em quatro etapas:

1- admissão: uma válvula é aberta, e por ela uma mistura de ar e combustível penetra na câmara.[2]

2- compressão: a válvula de admissão é fechada e o movimento do pistão comprime a mistura de ar e combustível dentro da câmara;

3- explosão: uma centelha provoca a oxidação do combustível, na presença do oxigênio existente no ar; os gases produzidos na reação de combustão provocam um aumento de pressão, que empurra o pistão; este está acoplado a um sistema que transforma o movimento de vaivém do pistão na rotação de um eixo de manivelas; a seguir, a rotação é transmitida às rodas.

A explosão deve acontecer no momento adequado para que a rotação do motor seja suave; se a mistura explode antes desse momento, por causa do aumento da temperatura e da pressão dentro do cilindro, o desempenho do motor ficará comprometido. A resistência do combustível à pré-ignição é denominada octanagem do combustível e varia de acordo com a sua composição.

4- exaustão: o pistão se desloca dentro da câmara, empurrando o gás, e ao mesmo tempo uma segunda válvula se abre; o deslocamento do pistão permite a expulsão dos gases resultantes da combustão.

As partes móveis do sistema são lubrificadas, para evitar que o atrito diminua a eficiência, a durabilidade e a confiabilidade do motor.

---

[2] Este é o ciclo Otto, usado em carros de passeio; no ciclo Diesel, usado no Brasil apenas em veículos pesados, somente o ar é admitido na câmara; a mistura com o combustível acontece depois, no interior do motor, quando o ar já está comprimido e uma pequena porção de combustível é injetada; nesse caso, a combustão acontece por autoignição do óleo diesel (combustível), em condições de alta pressão e temperatura.

A FIG. I-1 ilustra as quatro etapas de funcionamento do motor de combustão.

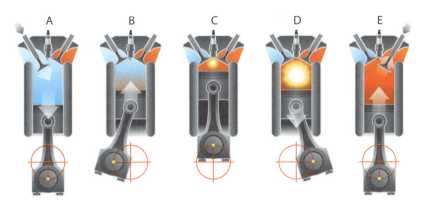

Figura I-1: As quatro etapas de funcionamento do motor de combustão. A: admissão; B: compressão; C e D: explosão; E: exaustão.

A quantidade de ar misturada ao combustível deve ser suficiente para que todas as moléculas de combustível reajam com o oxigênio do ar. O combustível é composto de hidrocarbonetos, que são moléculas longas formadas de carbonos e hidrogênios. Quando a reação de combustão é completa, os hidrocarbonetos se oxidam em presença do oxigênio do ar, gerando água (H_2O) e dióxido de carbono (CO_2).

O excesso de combustível (mistura rica) provoca a emissão de gases poluentes. Como, nesse caso, não há oxigênio suficiente para produzir CO_2, a combustão é incompleta, gerando o monóxido de carbono (CO), que é venenoso.

Se a mistura for pobre (excesso de ar), o nitrogênio do ar será oxidado, formando óxidos nitrosos (NO_x), que também são venenosos. Além disso, a mistura pobre provoca baixa eficiência de trabalho do motor, que fornecerá pouca potência.

Em ambos os casos, os gases de exaustão poderão também conter hidrocarbonetos menores, mais voláteis, e vapor do combustível que não participou da reação. Em presença de luz, esses hidrocarbonetos reagem com os óxidos nitrosos, formando ozônio (O_3) ou fuligem (partículas que contêm principalmente átomos de carbono).

O ciclo termodinâmico do motor de quatro tempos

O comportamento termodinâmico de um gás pode ser descrito através do gráfico da variação da pressão do gás em função do volume, o chamado diagrama P-V. Neste diagrama, o aumento de volume a pressão constante é descrito por uma linha horizontal (processo isobárico); o aumento da pressão, mantendo-se o volume constante, é representado por uma linha vertical (processo isovolumétrico); e, se a pressão e o volume variam, mas a temperatura é mantida constante (processo isotérmico), temos uma curva descendente, denominada isoterma, que segue a lei dos gases:

$$P \propto \frac{T}{V}.$$

Para cada valor de temperatura, tem-se uma isoterma no diagrama.
O diagrama P-V do gás na câmara de combustão no ciclo Otto é mostrado na FIG. I-2A, para o caso ideal.

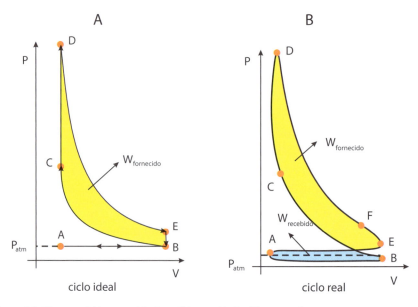

Figura I-2: Diagrama P-V para o ciclo Otto. (A): caso ideal e (B): caso real

Na etapa AB, a mistura ar/combustível é admitida no cilindro enquanto o pistão desce: o volume da câmara aumenta, e a pressão se mantém constante e igual à pressão atmosférica.

Em BC, o pistão comprime a mistura dentro da câmara, diminuindo seu volume e aumentando a pressão; o processo é rápido, não permitindo a troca de calor com o ambiente; o processo é, portanto, adiabático e o aumento da temperatura provoca um aumento adicional da pressão.

Em C ocorre a centelha que vai provocar a ignição da mistura; em CD, a temperatura e a pressão sobem rapidamente, enquanto o volume da câmara se mantém constante, com seu valor mínimo.

Em DE, o gás se expande, diminuindo a pressão e aumentando o volume; novamente temos um processo adiabático.

Em EB, ocorre troca de calor entre o gás e o ambiente, a volume constante: a temperatura e a pressão diminuem.

Em BA, ocorre a exaustão dos gases oxidados: o volume e a temperatura do gás diminuem, enquanto a pressão é mantida constante e igual à pressão atmosférica.

O trabalho fornecido pelo ciclo corresponde à área marcada entre o trajeto BCDEB.

No caso real, representado na FIG. I-2B, as curvas não têm arestas abruptas e há troca de calor entre o motor e o ambiente. A centelha ocorre antes de alcançado o final da compressão, e a exaustão começa no ponto F da figura, antes que a expansão do gás esteja completa. Além disso, no caso real, a admissão do gás é feita a uma pressão ligeiramente inferior à atmosférica, e a exaustão, a uma pressão ligeiramente superior à atmosférica; a área compreendida entre as linhas AB e BA representa o trabalho consumido pelo sistema nas etapas de admissão e exaustão; junto com a perda de calor do motor para o ambiente, esse é um fator que diminui a eficiência do processo e é um dos alvos das pesquisas na área de Engenharia Mecânica.

Combustíveis automotivos

O primeiro motor a explosão, construído em 1867 pelo inventor alemão Nikolaus Otto (1832-1891), usava álcool como combustível; durante a primeira metade do século XX, foram construídos automóveis e caminhões que utilizavam diversos combustíveis, incluindo o álcool e a gasolina. Nessa época, o álcool era considerado mais barato e eficiente, porém sua produção era feita em pequena escala. Com o aumento da produção de veículos motorizados, a demanda por combustível aumentou; as companhias de petróleo, mais organizadas, passaram a produzir gasolina em grandes quantidades, e o álcool perdeu a sua importância. Somente nos últimos anos do século XX, quando surgiram preocupações ambientais e com a escassez de petróleo, foi retomada a ideia de se usar o álcool como combustível automotivo.

Atualmente, os dois tipos de combustível usados em automóveis no Brasil são a gasolina e o álcool.

As vantagens e as desvantagens do álcool e da gasolina dependem de suas características físico-químicas, bem como de questões econômicas e ambientais.

A gasolina é obtida a partir do refino do petróleo, formado por material orgânico fossilizado e enterrado no subsolo. Os principais componentes da gasolina são os hidrocarbonetos. A molécula mais abundante na gasolina é o octano (C_8H_{18}), cuja forma mais importante, o iso-octano, é mostrada na FIG. I-3A. A gasolina contém também traços de outros elementos, provenientes da matéria-prima da qual ela é fabricada: enxofre (S), fósforo (P), boro (B). Costuma-se também adicionar detergentes à gasolina, para promover a limpeza dos componentes do circuito de alimentação do combustível.

O álcool combustível utilizado no Brasil é o etanol (C_2H_5OH), obtido da fermentação e destilação da cana-de-açúcar. Sua estrutura é semelhante à de um hidrocarboneto, porém a molécula contém um oxigênio em sua cadeia, que lhe confere propriedades especiais (FIG. I-3B). Em outros países, o etanol é obtido a partir de grãos, notadamente do milho. A obtenção do álcool envolve diversas etapas e por isso é economicamente mais dispendiosa que a da gasolina; no entanto, isso tem mudado nos últimos anos, já que o petróleo, matéria-prima para a obtenção da gasolina, tem tido seu preço aumentado por causa da crescente demanda de combustível, que provocou sua escassez e dificuldade crescente de extração.

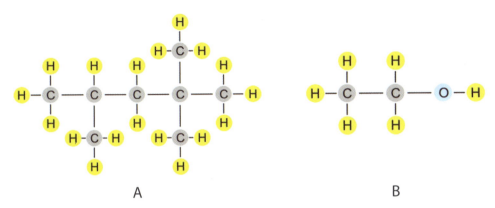

Figura I-3: Estrutura das moléculas de iso-octano (A) e etanol (B)

A TAB. I-1 mostra alguns dados comparativos entre a gasolina e o etanol, que são discutidos a seguir.

Tabela I-1: Dados sobre o etanol e a gasolina

	Gasolina	Etanol
composição/fórmula química	principalmente C_8H_{18}	C_2H_5OH
octanagem	86-94	100
solubilidade água/comb.	desprezível	100%
mistura estequiométrica ar/comb. em peso	15:1	9:1
volume % de combustível na mistura estequiométrica	2	6,5
pressão de vapor (atm)	0,6 - 1,0	0,16
calor latente de vaporização a 15 °C (kcal/kg)	5,5	24
poder calórico (kcal/kg)	10.000 - 10.500	6.400

Fonte: eerc.ra.utk.edu/etcfc/docs/altfueltable.pdf

Uma das características que deve ser analisada nos combustíveis de motores a explosão é a sua octanagem, que é a habilidade de resistir à explosão antecipada na câmara de combustão. Em unidades usadas na indústria automobilística[3], a octanagem do álcool é igual a 100, enquanto a da gasolina é em torno de 90. Isto significa que o álcool pode ser mais comprimido dentro da câmara de combustão, fornecendo, portanto, mais potência. No Brasil, a gasolina oferecida nos postos de combustível contém cerca de 20% de álcool, o que aumenta a sua octanagem.

O calor latente de vaporização do álcool é maior que o da gasolina. Isso significa que, para vaporizar na câmara, o álcool retira mais calor do ambiente, e o motor vai funcionar em uma temperatura mais baixa, preservando-o. Na prática, porém, o efeito não é muito marcante, devido a outras fontes de calor existentes no sistema.

Como a molécula de álcool contém um oxigênio, que vai participar das reações de oxidação do combustível, a mistura ar/álcool precisará conter mais combustível que a mistura ar/gasolina, para que o motor funcione nas mesmas condições. Basicamente, a mistura ideal ar/álcool deve ser de 9:1 em peso, enquanto a de ar/gasolina deve ser de 15:1.

O poder calórico da gasolina é maior que o do álcool, ou seja, a gasolina é capaz de fornecer mais energia na combustão de certa massa de combustível. Esta é a principal razão para que um automóvel movido a álcool tenha menor autonomia que outro semelhante, movido a gasolina.

A pressão de vapor da gasolina é maior que a do álcool. Isso significa que a gasolina é mais volátil que o álcool; além disso, o calor latente de vaporização da gasolina é mais baixo que o do álcool. Os dois fatores fazem com que seja possível existir vapor de gasolina dentro da câmara de combustão, para iniciar o ciclo do motor, mesmo enquanto a câmara ainda está fria. Isso não acontece com o álcool. Por esta razão, nos veículos movidos a álcool, a partida é feita com o auxílio de gasolina, armazenada em um pequeno tanque secundário[4].

A solubilidade da água na gasolina é desprezível, e, por ser menos densa, a gasolina flutua sobre a água. Isto pode causar problemas com o acúmulo de água no fundo do reservatório de combustível,

---

[3] A octanagem é calculada em comparação com o isooctano: um combustível com octanagem 90, como a gasolina, tem 90% da eficiência do isooctano puro.

[4] Atualmente existem veículos "flex fuel" que não têm mais esse pequeno tanque secundário, e sim um sistema de preaquecimento do combustível antes da injeção, ou um aumento da quantidade de combustível injetado na hora da partida a frio ou, também, a injeção direta na câmara de combustão nos cilindros do motor, dependendo do fabricante e modelo do veículo.

principalmente em climas frios, em que a água pode congelar no fundo do tanque. Por outro lado, o álcool e a água são miscíveis em qualquer proporção, eliminando o problema de acúmulo de água no tanque. Embora o álcool usado como combustível seja tratado para a eliminação quase completa da água, verifica-se que uma pequena proporção de água presente no combustível não afeta o desempenho do motor.

Influências sobre o meio ambiente: após a combustão, tanto a gasolina quanto o álcool lançarão compostos de carbono na atmosfera. Se a combustão for completa, a maior parte desses compostos será dióxido de carbono (CO_2), que não é tóxico, porém tem causado preocupação por ser um dos gases que provocam o efeito estufa.

No caso da gasolina, será lançado o carbono que foi retirado em eras passadas e se encontrava estocado no subsolo. A sua combustão provocará um aumento na taxa de carbono da atmosfera. Por outro lado, se considerarmos que o álcool foi obtido de vegetais cultivados, a sua combustão apenas devolverá à atmosfera o carbono recentemente retirado pelas plantas, não havendo aumento significativo de carbono no ar. É preciso, no entanto, levar em consideração a emissão de carbono ocorrida durante a obtenção de cada combustível: se foram usados eletricidade e calor, estes podem ter sido gerados por equipamentos que usam combustível fóssil.

Com relação à emissão de outros gases poluentes, podemos notar que o álcool contém menos resíduos de outras substâncias, que são expelidas nos gases de exaustão. A combustão da gasolina pode provocar a emissão de compostos de fósforo, enxofre, boro, entre outros, que são gases tóxicos e formadores de chuvas ácidas.

Considerações sobre a segurança no uso dos combustíveis: a pressão de vapor da gasolina é maior que a do álcool. Isso significa que a gasolina é mais volátil que o álcool e, portanto, mais susceptível a explosões quando exposta a uma faísca ou a calor extremo.

Por outro lado, uma característica do álcool que causa preocupação com relação à segurança é a pouca visibilidade da chama, que dificulta que ela seja extinta em caso de incêndio. Essa característica é evidenciada na televisão, nos casos de acidentes com carros de corrida abastecidos a álcool: pode-se ver os agentes de segurança se movimentando ao redor do piloto e de seu carro, sem que as chamas sejam visíveis.

A sonda lambda

A sonda lambda é usada para determinar a quantidade de combustível que deve ser injetada na câmara de combustão. Seu nome vem da "razão λ" [5], que indica se a mistura entre ar e combustível é rica, pobre, ou tem a proporção ideal:

λ < 1 : mistura rica (muito combustível, pouco ar)
λ = 1 : mistura ideal, quimicamente estequiométrica
λ > 1 : mistura pobre (pouco combustível, muito ar)

Durante seu funcionamento, a sonda lambda mede a quantidade de oxigênio nos gases de exaustão, comparando com a concentração de oxigênio no ar ambiente. Se houver muito oxigênio no gás de exaustão, pode-se deduzir que existe excesso de ar na mistura; a falta de oxigênio indica que todo o ar da mistura foi usado na oxidação e que está sendo eliminado combustível não oxidado.

A sonda lambda consiste em uma célula de cerâmica, em geral zircônia (ZrO_2) que contém pequena quantidade de ítrio (Y), e dois eletrodos de platina (Pt); de um lado da célula é admitido o gás da exaustão e, do outro, ar ambiente. A camada de platina catalisa a reação de ganho de elétrons pelas moléculas de O_2, transformando-as em íons O^{2-}, ou a reação inversa de perda de elétrons, transformando O^{2-} em O_2. A zircônia, por sua vez, tem sua rede cristalina alterada pela adição de ítrio (Y) e adquire a propriedade de permitir a mobilidade de íons O^{2-}; haverá, então, a migração de íons da região de maior concentração para a de menor concentração. Esse fluxo de íons gera uma diferença de potencial entre os dois eletrodos, que é proporcional à diferença entre a concentração de oxigênio no gás de exaustão e na atmosfera. As reações envolvidas no processo ocorrem a altas temperaturas; por isso, a temperatura de funcionamento da sonda é de aproximadamente 650 °C.

A sonda é pré-calibrada considerando-se que a concentração de oxigênio na atmosfera é sempre de aproximadamente 21%; porém, em locais com grandes altitudes ou condições extremas de temperatura, a densidade do ar é menor que nas CNTP, portanto, há uma menor quantidade total de moléculas de oxigênio em certo volume de ar

---
[5] Letra grega – pronuncia-se "lambda".

(FIG. I-4). A sonda pode precisar de nova calibração. A umidade do ar também diminui a concentração de oxigênio, uma vez que o vapor de água desloca parte das moléculas de O$_2$ (FIG. I-5).

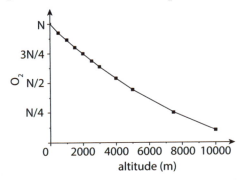

Figura I-4: Variação da quantidade de oxigênio presente em certo volume de ar seco, em função da altitude (N indica a quantidade de oxigênio no ar ao nível do mar)
Fonte: <http://www.altitude.org/air_pressure.php>

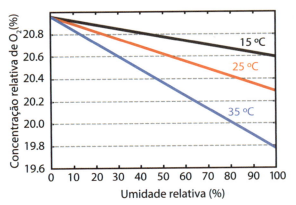

Figura I-5: Variação da quantidade de oxigênio presente em certo volume de ar, em função da temperatura e da umidade
Fonte: <http://www.apogeeinstruments.com/pdf_files/o2s_correcting.pdf>

Durante o início do processo, enquanto a sonda não atinge a temperatura ideal de funcionamento, sua indicação não é confiável e é ignorada pelo sistema de controle de injeção do combustível. O funcionamento normal do sistema ocorre quando o veículo está em marcha lenta ou em velocidade de cruzeiro. Durante a aceleração e a frenagem, a indicação da sonda também é ignorada, pois não é conveniente que haja mudanças no funcionamento da sonda durante esses regimes transitórios, que duram poucos segundos.

Catalisadores

Catalisadores são dispositivos situados na saída dos gases resultantes da combustão, para evitar a emissão de poluentes na atmosfera.

Os catalisadores são construídos com material cerâmico muito poroso, na forma de casa de abelhas, que proporcionam uma grande área superficial onde os gases podem ser absorvidos e participar das reações de oxidação e redução. A cerâmica é recoberta de alumina (Al_2O_3); ela serve de suporte para os metais nobres, que fazem o papel de catalisadores. Sobre a alumina são depositadas partículas de metais nobres como paládio (Pd), platina (Pt), ródio (Rh), cério (Ce) e zircônio (Zr).

A FIG. I-6 mostra a parte interna de um catalisador.

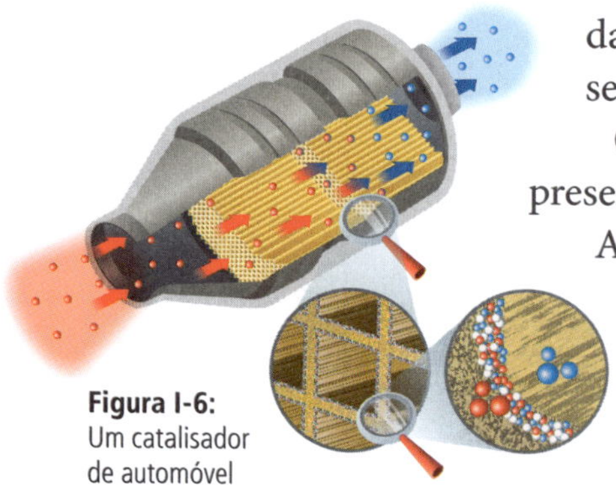

A platina e o paládio facilitam a oxidação de CO e hidrocarbonetos, em presença de O_2, gerando H_2O e CO_2.

O ródio provoca a redução de NO_x na presença de CO e de O_2, gerando N_2 e CO_2.

As partículas de cério e zircônio armazenam oxigênio do ar, para propiciar a reação de redução.

Figura I-6: Um catalisador de automóvel

Tanto as reações de oxidação quanto as de redução ocorrem mais eficientemente a altas temperaturas, entre 300 °C e 400 °C. Para que ocorram ambos os tipos de reação, o sistema alterna entre uma mistura rica, que torna necessária a oxidação dos gases emitidos, e uma pobre, para cujos gases o catalisador proporcionará a redução. A alternância é feita com base em informações sobre a composição dos gases de exaustão, obtidas pela sonda lambda, instalada no início do cano de escapamento do motor.

Se forem submetidos a condições extremas, os catalisadores sofrerão degradação: altas temperaturas (acima de 500 °C) vão diminuir a porosidade da cerâmica, reduzindo a área superficial do conjunto; a adsorção de compostos dos gases de emissão pode alterar a composição das partículas catalisadoras, que perdem sua função; e a formação de fuligem pode entupir os poros do material.

O sistema elétrico do automóvel

Mesmo sendo movido a combustíveis, o automóvel necessita ter uma fonte de energia elétrica e circuitos elétricos, usados para dar partida ao motor, gerar a centelha que proporciona a ignição e fazer funcionar os sistemas de segurança e conforto (faróis, luzes do painel e da cabine, unidades de gerenciamento). Os princípios físicos e químicos envolvidos no funcionamento do sistema elétrico são básicos e conhecidos desde o final do século XIX; a tecnologia empregada foi sofisticada durante o século XX e início do século XXI, principalmente com o uso de novos materiais.

A energia elétrica é fornecida por uma **bateria**, que é um conjunto de pilhas de chumbo, cada uma composta de um anodo de chumbo (Pb) em forma esponjosa, um catodo de dióxido de chumbo (PbO_2) e o eletrólito, que é uma solução de ácido sulfúrico (H_2SO_4).

Durante a descarga da bateria, ocorrem reações químicas onde se tem liberação de elétrons[6]. Quando o circuito é fechado, os elétrons gerados no anodo fluem pelo circuito externo, do anodo para o catodo; lembrando que o sentido do deslocamento dos elétrons é contrário ao sentido convencional da corrente elétrica, vemos que esta flui do catodo para o anodo. Durante a descarga, os dois eletrodos ficam recobertos por sulfato de chumbo ($PbSO^4$), e é consumido ácido sulfúrico (H_2SO_4).

Cada pilha fornece aproximadamente 2 V; a bateria automotiva é composta de 6 pilhas, que fornecem ao todo cerca de 12 V, no caso de carros de passeio. Veículos menores, como motocicletas, usam baterias de 3 pilhas (6 V), e veículos de carga costumam ter baterias de até 12 pilhas (24 V).

As reações na bateria são reversíveis e é possível fazer a recarga, fornecendo-se energia através de uma fonte externa; durante o movimento do carro, parte da rotação fornecida pelo motor pode ser usada para acionar um alternador e recarregar a bateria; as reações

---

[6] $Pb_{(s)} + HSO_{4\ (aq)}^- \rightarrow PbSO_{4(s)} + H^+_{(aq)} + 2e^-$ (anodo)

$PbO_{2(s)} + 3H^+_{(aq)} + HSO_{4\ (aq)}^- + 2e^- \rightarrow PbSO_{4(s)} + 2H_2O$ (catodo)

Obs.: (s) indica que a substância está no estado sólido; (aq) indica que ela está dissolvida em meio aquoso.

se invertem; porém, parte da água da solução do eletrólito (H_2O) se decompõe nos gases hidrogênio (H_2) e oxigênio (O_2). No passado, era necessário fazer a manutenção da bateria, acrescentando-se água e verificando a concentração da solução. Baterias modernas são seladas, e seus eletrodos de chumbo têm uma pequena porção de cálcio (Ca), que impede a decomposição da água.

Se um carro ficar parado muitos dias, mesmo a bateria selada poderá se descarregar. Para evitar isso, é conveniente se fazer regularmente alguns trajetos, mesmo curtos, para recarga da bateria. Em casos extremos, pode ser necessário levar a bateria a uma oficina especializada, para efetuar a recarga através de um circuito elétrico.

Quando a chave da ignição é acionada, entra em funcionamento o **motor de partida**: ele é um pequeno motor de corrente contínua, que pode fornecer muita potência por um período curto e faz o motor principal atingir a rotação necessária para funcionar de forma autônoma. Ao mesmo tempo, é energizado um comando central que vai comandar a produção da centelha nas câmaras de combustão.

Para a produção da centelha, é necessária alta tensão, que será gerada pela **bobina de ignição**: esta é um transformador, que recebe a tensão da bateria e a transforma em alta tensão: a bateria alimenta o circuito da bobina primária, que tem cerca de 250 espiras de fio grosso, por onde vai passar uma corrente de aproximadamente 4 A, e que gera um campo magnético no transformador; quando o sistema de controle corta essa corrente, o campo magnético diminui rapidamente, induzindo tensão na bobina secundária, composta de cerca de 25.000 voltas de fios finos; a tensão fornecida pela bateria é, portanto, multiplicada por aproximadamente 100 vezes, disponibilizando uma tensão entre 8 kV e 15 kV; através de cabos isolados e blindados, a alta tensão será disponibilizada para uso nas câmaras de combustão.

A alta tensão gerada é utilizada pelas **velas de ignição** para produzir a centelha nas câmaras de combustão. A FIG. I-7 mostra o esquema do circuito elétrico usado na obtenção da centelha na câmara de combustão.

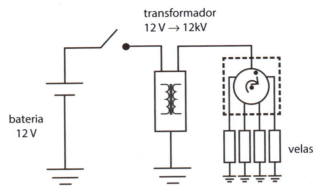

Figura I-7: Circuito de geração da centelha na câmara de combustão. O aterramento do circuito é feito pela lataria do carro.

Cada vela é composta basicamente de dois eletrodos com pequena separação entre eles e uma carcaça isolada e blindada. A Fig. I-8 ilustra os principais componentes de uma vela de ignição típica.

Os eletrodos são fabricados em ligas de níquel com cromo (Ni-Cr) ou prata (Ni-Ag), com a adição de pequena quantidade de ítrio (Y) ou platina (Pt) e possuindo um núcleo de cobre (Cu). A adição de metais raros às ligas aumenta a sua resistência ao calor gerado pela centelha, evitando o desgaste dos eletrodos; o núcleo de cobre facilita a dissipação do calor.

A carcaça é feita de alumina (AlO_2), cerâmica isolante eletricamente e que facilita a dissipação do calor gerado; externamente, ela tem um receptáculo de aço, que fornece blindagem contra sinais eletromagnéticos externos.

Os eletrodos são separados de cerca de 1 mm; a alta tensão aplicada entre eles é suficiente para quebrar a rigidez dielétrica do gás contido na câmara e fazer surgir um arco voltaico que ioniza o gás, provocando grande aumento da temperatura, suficiente para iniciar a combustão. O espaçamento

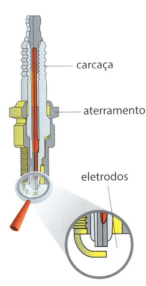

Figura I-8: Vela de ignição

entre os eletrodos deve ser calculado para que a centelha forneça uma temperatura entre 500 °C e 900 °C. Temperaturas abaixo dessa faixa provocarão a deposição de fuligem sobre os eletrodos, e acima da faixa poderá ocorrer a fusão deles.

As velas de ignição devem ser resistentes a altas pressões e a choques térmicos, já que a pressão na câmara atinge valores de até 50 atm, e a temperatura dos gases da mistura combustível que entram na câmara é de cerca de 70 °C e pode alcançar 2500 °C durante a combustão. Elas devem também dissipar o calor gerado e conduzi-lo para o exterior, evitando superaquecimento na câmara, que poderia levar à pré-ignição do combustível.

Além de alimentar o motor de partida e o sistema de ignição, a bateria alimenta um terceiro circuito que inclui os itens de segurança e conforto do automóvel: faróis, luzes do painel, luzes internas, etc.

CAPÍTULO II
O CHASSI

*Batendo pino, sigo o meu destino,
Primeira, segunda, pris e marcha-a-ré...*[1]
"Chofer de praça", Luiz Gonzaga

Alguns autores definem como chassi de um veículo apenas a base rígida onde se fixam os diferentes componentes do automóvel; a definição pode também incluir os componentes para rolagem; em outros casos, é considerado chassi a base, os componentes para rolagem e também o motor.

Adotaremos a segunda definição de chassi, ou seja, uma base rígida, os dispositivos que permitem a rolagem do veículo (transmissão, suspensão e rodas) e o controle do seu movimento (direção e freios). Em todos esses dispositivos, alavancas e sistemas hidráulicos multiplicam a força do condutor, para que ele possa movimentar ou frear um automóvel, que tem massa 10 a 20 vezes maior que a sua.

---

[1] Veremos neste capítulo que as marchas do carro dependem da razão entre os diâmetros das engrenagens conectadas.

Sistema de transmissão

O movimento de rotação do motor tem de ser transmitido para as rodas do carro e transformado em movimento de translação. Isto é feito através do sistema de transmissão, composto da embreagem, de uma caixa de marchas e dos mecanismos da ponte propulsora, entre eles o diferencial.

A **caixa de marchas** tem um conjunto de engrenagens, cuja função é mudar a velocidade de rotação ou revertê-la. A transferência para outro eixo trativo do veículo, se existir, pode ser feita através da caixa de transferência.

Ao diminuir a velocidade de rotação do motor, as engrenagens modificam a força transmitida às rodas; a razão entre as rotações é determinada pela razão entre o diâmetro das engrenagens conectadas. O uso de rodas dentadas evita que elas deslizem durante a rotação; a relação de transmissão[2] de rotações, nesse caso, é determinada pela razão entre o número de dentes da engrenagem de saída com relação à engrenagem de entrada.

Muitas vezes é necessário usar diversas engrenagens para se obter o efeito desejado: para as marchas para a frente, usam-se pares de engrenagens; na marcha a ré, são necessárias três engrenagens.

A FIG. II-1 mostra um exemplo de engrenagens interligadas. Se no eixo de entrada temos, por exemplo, uma velocidade de 10 rotações por unidade de tempo, essa será a velocidade de rotação da engrenagem **a**. A engrenagem **b**, por ter diâmetro duas vezes maior, terá velocidade de apenas 5 rotações por unidade de tempo. Tal velocidade será transmitida pelo eixo inferior para a engrenagem **c**, que, portanto, terá velocidade de 5 rotações por unidade de tempo. O diâmetro da engrenagem **d** é duas vezes maior que o da engrenagem **c**; logo, sua velocidade de rotação será a metade da velocidade de **c**, ou seja, 2,5 rotações por unidade de tempo. Como a engrenagem **d** está conectada ao eixo de saída, a relação de transmissão será de 1:4; a velocidade de rotação ficará dividida por 4, e a força fornecida às rodas

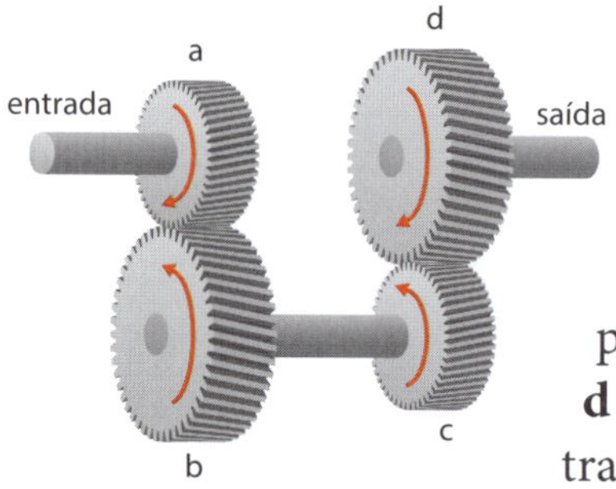

Figura II-1: Sistema de engrenagens

---
[2] A relação de transmissão é a razão entre o número de rotações da engrenagem de saída e o número de rotações da engrenagem de entrada.

será multiplicada por 4. Essa é, em geral, a relação de transmissão para a primeira marcha de um carro[3].

A marcha *pris*, citada na canção que abre o capítulo, vem do francês *prise directe* (tomada direta), e indica a marcha na qual o carro tem mais velocidade, porém menos força. A relação de transmissão, nesse caso, é de 1:1.

Para a "marcha a ré", é necessário inverter a rotação do movimento transmitido às rodas, o que é feito usando-se três engrenagens na saída do conjunto (FIG. II-2); e para mudar a direção do eixo de rotação, usa-se o par coroa-pinhão, mostrado na FIG. II-3.

Alguns automóveis são equipados com sistemas de transmissão continuamente variável (CVT, da sigla em inglês para *Continuously Variable Transmission*). Neste sistema, existem duas polias, constituídas (cada uma) de dois cones que se aproximam ou afastam conseguindo assim variar o diâmetro efetivo de trabalho de cada polia. Isso possibilita a variação contínua das relações de transmissão com a ajuda das polias, uma ligada ao motor que recebe o torque proveniente dele e a outra ligada ao eixo que leva o torque de saída até as rodas trativas.

Figura II-2: Sistema de engrenagens para a marcha a ré

Além da caixa de marchas, o sistema de transmissão do automóvel contém:

Figura II-3: Par coroa-pinhão, que, instalado junto ao diferencial, muda a posição do eixo de rotação em 90°

- um **sistema de embreagem**, que conecta e desconecta o motor da caixa de marchas, no momento em que o condutor deseja alterar a rotação das rodas.

- um **diferencial**, que permite que as rodas tenham velocidades diferentes umas das outras ao fazer uma curva, por exemplo.

- **sincronizadores** que, por atrito, aproximam e depois igualam a rotação dos eixos e engrenagens na caixa de marchas, para que a transição entre as marchas seja suave. A sincronização da rotação de dois eixos é usada ao se trocar a marcha do veículo em movimento, para garantir que o eixo de saída da caixa de marchas tenha a mesma velocidade de rotação que a engrenagem da marcha que se quer engatar.

---

[3] Costuma-se ter uma primeira marcha com relação de transmissão entre 3:1 e 4:1, uma segunda com relação entre 2:1 e 3:1; uma terceira entre 1,5:1 e 2:1; uma quarta que pode ser uma direta (1:1) e uma quinta, entre 0,8:1 e 0,9:1.

Os pneus

Sendo as peças que têm contato com o solo, os pneus têm a função de controlar a direção do veículo e o fazem se movimentar para a frente ou para trás, fazer curvas, parar. Isto acontece por causa do atrito entre os pneus e o solo. Segundo a terceira lei de Newton, quando as rodas giram, os pneus, que estão aderidos ao solo, empurram o carro no sentido contrário ao da rotação das rodas. Por isso, o coeficiente de atrito entre os pneus e o solo deve ser suficiente para fazer o carro se mover.

Atualmente, os pneus são constituídos de diferentes materiais, cada um com uma característica específica:

- a borracha natural tem mais aderência, porém é muito deformável; ela é usada em maior proporção em pneus de carros de competição, em que a aderência é mais importante que o desgaste dos pneus;
- a borracha sintética é mais firme, mas fornece menos aderência; é usada em mistura com a borracha natural;
- o negro de fumo (fuligem de petróleo) endurece a mistura de borracha e dá a cor negra ao pneu;
- cintas e fios de aço mantêm a forma do pneu;
- lonas, formadas por poliéster e nylon com fios de aço embebidos, dão resistência aos pneus;
- diversos produtos químicos agem como solventes e endurecedores; em destaque, o enxofre é usado na vulcanização, que é o processo de endurecimento da borracha sob aquecimento, na presença de enxofre.

A FIG. II-4 mostra os principais materiais que entram na composição de um pneu.

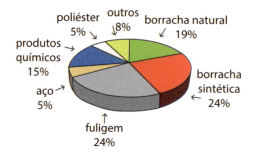

Figura II-4: Composição média de um pneu para veículo de passeio

Fonte: Texas Natural Resource Conservation Comission, setembro 1999

(http://www.tceq.state.tx.us/assets/public/compliance/tires/docs/comp.pdf)

A pressão interna dos pneus suporta o peso do carro e amortece os solavancos durante o movimento. O pneu é elástico, e sua parte inferior é deformada pelo peso do carro. Quando esse está em movimento e o pneu gira, a porção deformada deixa de estar na parte inferior e volta à sua forma original, enquanto outra porção é comprimida contra o solo. Contudo, o material de que é feito o pneu não é completamente elástico: parte da energia gasta para a deformação é transformada em calor, diminuindo a eficiência do movimento.

Com pouca pressão interna nos pneus, eles terão maior contato com o solo; com isso, o condutor terá mais controle sobre a direção, mas será consumida uma parte maior da potência do motor. Com excesso de pressão, haverá menos contato entre o pneu e o piso. Embora, neste caso, o gasto de combustível seja menor, a direção ficará mais perigosa, devido ao menor atrito entre o pneu e o solo. O ideal é usar um valor intermediário de pressão, fazendo um compromisso entre a boa aderência e o consumo moderado de combustível. Os fabricantes indicam esse valor para cada tipo de veículo, e é aconselhável se "calibrar" periodicamente os pneus com a pressão aconselhada.

Mesmo que o coeficiente de atrito entre os pneus e o piso seco seja suficiente para um bom desempenho do carro, em pistas molhadas esse coeficiente diminui enormemente, podendo ocorrer o fenômeno da aquaplanagem: o veículo praticamente desliza sobre uma camada de água depositada sobre o solo, e o condutor perde o controle sobre a direção. Para minimizar esse problema, os pneus de veículos de passeio possuem sulcos por onde a água pode escoar, permitindo o contato entre o pneu e o solo. É preciso notar, no entanto, que, a altas velocidades, os sulcos podem não eliminar completamente a aquaplanagem.

A FIG. II-5 mostra o que acontece quando os pneus de um carro rolam sobre uma pista molhada: a experiência foi feita fazendo os pneus rolarem sobre uma pista de vidro, que continha uma fina camada de água, e os pneus foram fotografados por baixo da pista. Observa-se que, com o aumento da velocidade, a água penetra sob os pneus, diminuindo a área de contato entre eles e o pavimento.

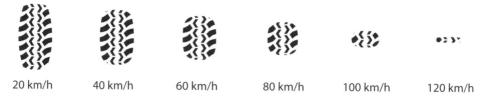

Figura II-5: Área de contato entre um pneu e o pavimento em função da velocidade, em pista molhada

As lonas de poliéster e nylon que formam a estrutura interna de um pneu podem ser colocadas de forma que suas fibras fiquem cruzadas entre uma camada e outra (pneu diagonal) ou perpendiculares ao perímetro do pneu, na direção radial da roda (pneus radiais). O pneu radial contém também fios de aço na direção radial. Nos pneus radiais há menos atrito entre as lonas durante a deformação do pneu em contato com o solo, portanto, menor aquecimento do pneu e maior durabilidade. Os fios de aço, que têm alto coeficiente de restituição (ou seja, deformam-se pouco), fazem com que haja menos perda por calor durante a deformação e volta à forma original. Atualmente, os veículos mais leves têm sempre pneus radiais. Pneus diagonais são usados em veículos de carga porque a estrutura desses pneus, com várias camadas de lonas dispostas em diagonal, suporta maior peso. Contudo, hoje em dia cada vez mais são utilizados pneus radiais até em veículos pesados.

A FIG. II-6 mostra a estrutura de pneus radiais e diagonais.

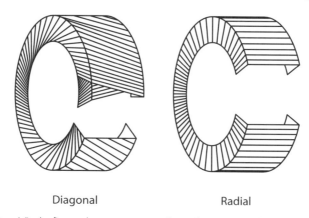

Diagonal   Radial

Figura II-6: Disposição dos fios nas lonas em um pneu diagonal e em outro, radial

Sistema de direção

Para que o condutor tenha controle do movimento do veículo, ele aciona o volante que, acoplado a outros componentes do sistema de direção, será responsável por mudar a direção das rodas durante o movimento. A força exercida pelo condutor é multiplicada por um sistema de engrenagens; em contrapartida, o condutor tem de girar o volante de um ângulo muito maior que o da mudança na direção das rodas. As engrenagens podem ter acoplado a elas um sistema hidráulico. Neste, têm-se duas linhas hidráulicas, uma de cada lado das rodas do mesmo eixo (geralmente, as do eixo dianteiro). Quando o volante é girado, uma das linhas recebe acréscimo de fluido sob pressão; a diferença de pressão entre as duas linhas provoca a mudança na direção das rodas.

O sistema de engrenagens e as barras e braços do sistema de direção são projetados de forma a se levar em conta que, quando um carro faz uma curva, as rodas esterçaveis (geralmente as dianteiras) não apontam na mesma direção, como é mostrado na FIG. II-7.

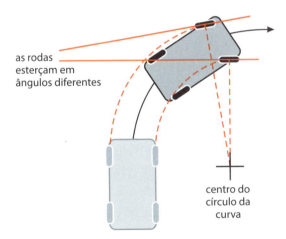

Figura II-7: Posição das rodas do carro em uma curva

Hoje em dia existem vários modelos de veículos no mercado com direção elétrica, com muito bom desempenho. Neles, há sensores no volante que captam seus movimentos e enviam sinais para pequenos motores acoplados às rodas, que mudam a direção dessas.

Sistema de suspensão

A denominação deste mecanismo vem do nome dado a um sistema primitivo, usado nas carruagens no século XIX: nelas, o chassi ficava suspenso de uma armação de couro que amortecia os solavancos.

A função do mecanismo de suspensão de um carro é fazer com que os pneus percam o contato com o piso o mínimo possível, em pistas irregulares, proporcionando assim melhor controle da direção, e evitar que a carroceria siga os movimentos das rodas, trazendo maior conforto dos passageiros. Para isso, um conjunto de molas separa o chassi das rodas. Além disso, a suspensão deve absorver a energia de oscilação das molas e minimizar a transferência de peso entre as partes dianteira e traseira do carro, durante freadas e acelerações, e entre os lados, em curvas.

A suspensão de um carro é formada por molas helicoidais ou em feixes e um dispositivo amortecedor. Os pneus e as molas são elásticos e, quando o carro passa por uma irregularidade na pista, transmitem oscilações ao chassi. Essas oscilações são amortecidas por um pistão que se move no interior de um cilindro que contém um fluido viscoso. Esse sistema, denominado amortecedor, transforma a energia de oscilação em calor. A FIG. II-8 ilustra um movimento oscilatório sem amortecimento (A), outro, com pouco amortecimento (B) e um terceiro, amortecido de forma ideal (C).

Quanto mais rápida a oscilação a que a suspensão é submetida, mais difícil será fazer o fluido circular pelo amortecedor e haverá maior resistência ao movimento; assim, oscilações rápidas são mais bem absorvidas pelo sistema.

Normalmente, a viscosidade de um fluido é constante e independe de condições externas. Fluidos que se comportam dessa maneira são chamados **fluidos newtonianos**. Para os amortecedores, estuda-se a possibilidade de utilização de **fluidos não newtonianos**, cuja viscosidade pode, por exemplo, aumentar, quando aumenta o esforço aplicado sobre ele. Assim, fortes oscilações poderão ser melhor absorvidas.

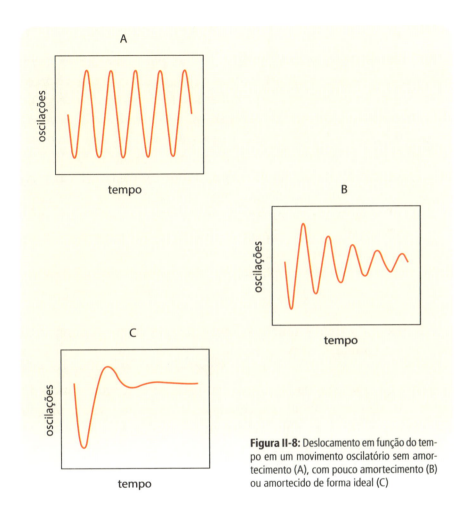

Figura II-8: Deslocamento em função do tempo em um movimento oscilatório sem amortecimento (A), com pouco amortecimento (B) ou amortecido de forma ideal (C)

A suspensão tem, portanto, duas funções: dar conforto e segurança.[4] É preciso encontrar um compromisso entre essas duas funções: carros de passeio dão mais conforto, mas não oferecem estabilidade em condições extremas; carros esportivos, que apresentam mais segurança, não são confortáveis.

---

[4] Em 1965, foi publicado o livro *Unsafe at Any Speed* (Inseguro a Qualquer Velocidade), pelo advogado e ativista americano Ralph Nader (1934 -). No livro, Nader denuncia que, por razões de economia ou para oferecer carros mais potentes, a indústria automobilística não oferecia os itens de segurança necessários. Em particular, o modelo *Chevrolet Corvair* foi citado como tendo um sistema de suspensão altamente inseguro. Isso levou à queda de vendas e retirada deste automóvel do mercado.

Freios

O sistema de freios tem a função de fazer parar as rodas do carro. Ele consiste, por exemplo, em pastilhas e em um disco. O disco é preso à roda e gira junto com ela. As pastilhas são forradas com material de atrito (mistura de polímeros sintéticos, massa de carbono e, às vezes, pó metálico). Quando se acionam os freios, as pastilhas abraçam o disco, forçando-o a diminuir sua rotação até que as rodas parem. Outro sistema é formado por um tambor preso à roda e sapatas, colocadas na parte interna do tambor, forradas com material de atrito. Nesse caso, durante a frenagem, as sapatas se separam até tocar o interior do tambor.

Como se consegue fazer parar um carro que pesa quase uma tonelada, apenas com a força de um pé? Para conseguir isso, a força do pé do condutor fica multiplicada por dois mecanismos: o primeiro, mecânico, consiste em alavancas, e o segundo, hidráulico, em cilindros de diâmetros diferentes.

O pedal do freio é uma alavanca inter-resistente: o ponto fixo está em uma ponta, a força é aplicada pelo pé na outra ponta, e a força recebida está em um ponto intermediário. A distância do ponto fixo ao ponto de aplicação da força será sempre maior que a distância do ponto fixo até o ponto onde é recebida a força; usando-se o princípio das alavancas, verifica-se que a razão entre essas duas distâncias dará a razão entre a força aplicada e a força recebida. Na FIG. II-9, por exemplo, a força fica multiplicada por 4.

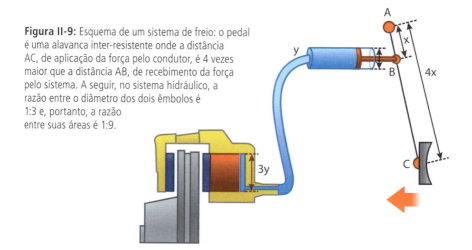

Figura II-9: Esquema de um sistema de freio: o pedal é uma alavanca inter-resistente onde a distância AC, de aplicação da força pelo condutor, é 4 vezes maior que a distância AB, de recebimento da força pelo sistema. A seguir, no sistema hidráulico, a razão entre o diâmetro dos dois êmbolos é 1:3 e, portanto, a razão entre suas áreas é 1:9.

Essa força, no entanto, não vai agir diretamente sobre os freios do carro: ela alimenta um sistema hidráulico, que consiste em dois êmbolos, ligados por um duto que contém um fluido incompressível. A força da alavanca é aplicada sobre o êmbolo menor e através do fluido é transmitida ao êmbolo maior; a razão entre as áreas dos dois êmbolos dará a razão de multiplicação da força aplicada. Na FIG. II-9, por exemplo, a força é multiplicada por 9.

Assim, a força exercida pelo pé do condutor é multiplicada 36 vezes ao ser aplicada sobre os freios. Em contrapartida, a distância percorrida pelas pastilhas ou sapatas até entrar em contato com o disco ou tambor será 36 vezes menor que a distância percorrida pelo pé.

No circuito hidráulico de freios dos carros de passeio, existe ainda um sistema a vácuo que auxilia na frenagem, amplificando a força que o motorista aplica sobre o pedal do freio. O vácuo é obtido no motor, durante os períodos do ciclo em que a pressão dentro dos cilindros é menor que a atmosférica. Tal sistema só funciona com o motor ligado; com o motor desligado, nota-se que o freio é mais difícil de ser acionado.

Por outro lado, em veículos pesados, o freio é acionado por um sistema pneumático, no qual é utilizado ar comprimido para aumentar a força de frenagem.

Sistema de freios ABS: se as rodas pararem de girar quando o carro estiver sendo freado, os pneus poderão deslizar sobre o pavimento; lembrando que o coeficiente de atrito cinético (pneus deslizando) é menor que o coeficiente de atrito estático (pneus girando), o carro não será mais freado pela diminuição da rotação das rodas, mas apenas pelo atrito de deslizamento entre os pneus e o solo. Haverá também perda do controle da direção (derrapagem).

Para evitar isso, foi criado o sistema de controle dos freios ABS (*Anti-lock Braking System* = sistema de freios antitravamento): um sensor identifica o momento em que as rodas estão na iminência de travar (parar completamente de girar); nesse momento, o sistema alivia a pressão dos freios, permitindo às rodas que rolem sobre o pavimento; em seguida, os freios são novamente acionados. A sequência de alívio e reacionamento rápido dos freios permitirá que as rodas diminuam a rotação, até o carro parar completamente. Além disso, esse sistema permite que cada roda seja freada de forma independente do movimento das outras. Embora seja um sistema mais seguro, é preciso que haja um treinamento do condutor para seu uso, pois, como o equipamento de controle aplica e solta os freios várias vezes em seguida, surge uma trepidação intensa nos pedais, à qual o motorista pode não estar acostumado.

Por que deve existir uma distância de segurança entre os carros em movimento? Quando um veículo para ou diminui a marcha, passa-se algum tempo entre o instante em que o condutor do veículo que vem atrás percebe a alteração do movimento e o instante em que ele aciona o freio do próprio carro. Esse tempo é chamado de tempo de reação e vale em média 1 segundo. Durante esse tempo, seu carro continua a se mover com a velocidade que tinha inicialmente. Somente após acionado o freio, o carro de trás começará a desacelerar, percorrendo ainda certo trecho antes de se imobilizar. É preciso, portanto, deixar uma distância de segurança entre um veículo e outro que circule à frente dele. Essa distância deve ser maior quanto maior for a velocidade dos dois veículos.

Falhas nos freios – a fadiga térmica

Os freios funcionam através do atrito entre as pastilhas ou sapatas e o disco ou tambor. Esse atrito provoca enorme aquecimento, o que diminui o coeficiente de atrito entre os materiais do freio. Eventualmente, se a temperatura ficar acima de aproximadamente 350 °C, o atrito será insuficiente para fazer as rodas pararem de girar. Esse fenômeno, chamado fadiga térmica (*fading*, em inglês), costuma ocorrer em veículos pesados, se o condutor usar os freios para controlar a velocidade do veículo em longos trechos em declive: ao final do declive, não haverá atrito suficiente para frear o veículo, podendo acontecer acidentes graves. Muitas vezes, após um acidente, uma inspeção no veículo não mostra falhas nos freios, já que, após o seu resfriamento, eles voltam a funcionar normalmente.

Os freios a disco são construídos de forma que haja circulação de ar no interior do disco, para que ele possa ser resfriado (FIG. II-10). No entanto, quando o disco se gasta, há menos material a ser aquecido, e, portanto, a temperatura sobe mais rapidamente, dificultando o arrefecimento.

Figura II-10: Disco de freio

A FIG. II-11 mostra a variação do coeficiente de atrito entre o aço do disco ou do tambor e o material de atrito que recobre as pastilhas ou sapatas, em função da temperatura.

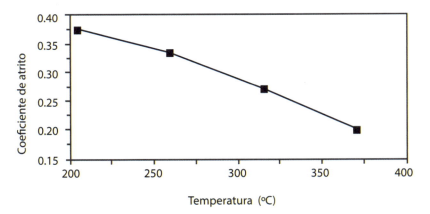

Figura II-11: Variação do coeficiente de atrito entre o aço e o material de atrito do freio, em função da temperatura
Fonte: www.sae.org/events/bce/tutorial-bahadur.pdf

A fadiga térmica costuma provocar acidentes em veículos pesados; em veículos de passageiros, os acidentes provocados por falha nos freios são menos frequentes, mas o aquecimento por atrito pode provocar dilatação diferente nos diversos tipos de material que compõem as rodas e a consequente perda das calotas.

Tração dianteira ou traseira?

O que chamamos de tração é a força entre os pneus e o pavimento, que provoca o movimento do carro. Antes de estudar as características dos carros de tração dianteira ou traseira, devemos nos lembrar de alguns conceitos físicos básicos:

- devido à inércia, quando um veículo acelera, seu centro de massa fica deslocado para trás, e, portanto, seu peso atua mais sobre as rodas traseiras. O inverso acontece quando o carro freia;
- a força de atrito, e consequentemente a adesão do carro ao solo, é maior se houver mais peso sobre as rodas;
- em uma curva, são os pneus da frente do carro que comandam a mudança de direção do movimento. Para dar estabilidade ao carro, é preciso que elas estejam bem aderidas ao solo.

Então, para se analisar as vantagens e as desvantagens de se ter tração traseira ou dianteira nos veículos, será preciso considerar múltiplos fatores. Hoje em dia o que predomina é o projeto e a fabricação de veículos com tração dianteira, o que não significa necessariamente que, em todas as condições ou em todos os quesitos, esses tenham um comportamento dinâmico melhor que os veículos de tração traseira. O que acontece é que as características que devem prevalecer nos veículos são condicionadas pelos requerimentos técnicos próprios da época em que se vive. Atualmente é necessário fabricar veículos mais leves, mais velozes e dinâmicos, com menor consumo de combustível para a sua utilização e menor consumo de materiais na sua fabricação. Para conseguir tal objetivo, os veículos de tração dianteira são melhores, mas isso não significa que, em todas as condições de movimento, eles serão superiores. Um exemplo disso são os carros esportivos, que sempre apresentam tração traseira. Aqui temos de considerar que, quando um veículo é tracionado, sempre acontece uma redistribuição de peso do eixo dianteiro para o eixo traseiro do veículo. Como a capacidade de se gerar força está relacionada com a quantidade de carga que recai sobre o eixo de tração, no caso de veículos com tração traseira, o desempenho deles fica favorecido pela própria redistribuição natural da carga quando o veículo está sendo acelerado. É claro que também o motor posicionado acima do eixo de tração traseiro é uma quantidade de carga a mais que pode ser utilizada para gerar força. No caso de carros esportivos, o critério que prevalece no projeto é o melhor desempenho possível, inclusive se perdendo em conforto, em economia de combustível e até em preço, diferentemente dos carros de tração dianteira, em que prevalecem estes últimos critérios. Em troca, os veículos com tração dianteira têm melhor desempenho na curva, por exemplo.

Como frear um avião

Em um avião podem-se notar claramente as duas condições básicas para se frear um veículo em movimento: a parada das rodas e o contato dessas com o solo.

Quando em voo, o avião precisa da ação de duas forças: uma de impulsão, para a frente, à qual se opõe o arrasto provocado pela resistência do ar, que atua na direção contrária, e uma força de sustentação, para cima, que se opõe ao seu peso, para baixo. A FIG. II-12 ilustra essas forças.

Figura II-12: As forças que agem em um avião em voo
(http://www.aeroeletrico.com.br/artigos/series/teoria-basica-de-voo/)

A impulsão para a frente é fornecida pelo motor, que aciona as hélices ou as turbinas do avião. A sustentação é conseguida dando às asas uma forma aerodinâmica que permita que o ar, ao passar por elas, provoque uma diferença de pressão entre as superfícies inferior e superior das asas. A forma das asas pode ser alterada durante o voo pelo piloto, que modifica a posição de *flaps* nas extremidades dessas.

Na aterrissagem, é preciso que o avião perca a enorme velocidade que adquiriu em voo, em um tempo relativamente curto, que depende da extensão de pista de pouso disponível. Para isso, é usado o mesmo tipo de freios que um automóvel, que impede o movimento das rodas através do atrito entre seus componentes. Nesse momento, o contato das rodas com o solo é essencial para a manobra.

Então, na aterrissagem, o piloto deve eliminar a sustentação, para que os pneus tenham contato com a pista, e o peso do avião garanta uma força de atrito elevada entre pneus e pista. A posição dos *flaps* deve ser modificada para que se obtenha esse efeito.

Existem relatos de acidentes aéreos, alguns bastante sérios, ocorridos durante o pouso do avião. Em muitos desses acidentes, não foi eliminada a sustentação do avião, que "flutuou" sobre a pista em alta velocidade. Nesse caso, a aplicação dos freios sobre as rodas não diminui a velocidade do avião, já que elas não estão em contato com o solo, ou, se estiverem, não estão usando o peso do avião para garantir a força de atrito necessária entre os pneus e o solo.

Atividades

Usando material simples e de fácil aquisição, é possível realizar atividades interessantes, que ilustram os conceitos de Física aplicados ao funcionamento dos automóveis (FIG. II-13).

Figura II-13: Estudantes do curso de Licenciatura em Física da UFMG realizaram atividades sobre a Física do automóvel usando material simples.

A1 - Peso de um carro

É possível calcular o peso de um carro medindo a área de contato de cada pneu com o solo e a pressão em cada pneu.

Procedimento: ver FIG. II-14

1. Depois de verificar que o carro está bem freado, deslize tiras de cartolina sob os pneus até que elas fiquem bem encostadas nas quatro bordas do pneu e cole-as com fita crepe.

2. Avance o carro de forma a liberar as tiras de cartolina e meça a área delimitada pelas tiras (meça todas as dimensões lineares da superfície para ter melhor precisão no seu cálculo). Qual a precisão da sua medida?

3. Meça a pressão interna de cada pneu num posto de gasolina ou numa oficina mecânica. Qual a precisão dessa medida?

4. Se você conhece a área de contato e a pressão interna de cada pneu, como pode calcular o peso sustentado por cada pneu?

5. Qual será, então, o peso total do carro? Qual a precisão do seu resultado?

6. Compare o valor encontrado com o valor indicado no manual do veículo.

OBS.: 1 psi (pound per square inch = libra por polegada ao quadrado) = $6,895 \times 10^3$ Pa

1 Pa = 1 N/m^2 (unidade SI de pressão)

(Atividade adaptada de: http://www.exploratorium.edu/snacks)

Figura II-14: Diferentes etapas na realização da atividade A1

A2 - Massa de um carro (use uma balança de banheiro para avaliar a massa de um carro)

Material: carro, balança de banheiro, trena, cronômetro; para realizar a atividade, será necessário o auxílio de três ou mais pessoas.

Procedimento: (ver FIG. II-15)

1. Coloque o carro num local plano e sem movimento.

2. O motorista solta o freio de mão e controla a direção para que o carro ande em linha reta e não ofereça perigo ao se deslocar.

3. Uma ou mais pessoas encostam a balança de banheiro na traseira do carro e o empurram com força constante, através da balança. Ao anotar o valor da força, deve-se lembrar de que a balança está calibrada para fornecer a massa de uma pessoa que foi atraída pela Terra com a força medida pela balança.

4. Enquanto um participante controla o tempo, outro fará marcas de giz no chão, na posição de uma das rodas do carro, a cada dois segundos, enquanto é exercida uma força constante sobre o veículo. Se houver muitos participantes, as marcas poderão ser feitas dos dois lados do carro, e ao final se tomará a média das medidas. É interessante ter giz de cores diferentes, para o caso de ser preciso repetir a experiência.

5. Meça a distância percorrida pelo carro a cada intervalo de dois segundos. Se tiverem sido feitas várias medidas para cada intervalo, tome a média entre elas.

6. Faça uma tabela que contenha a velocidade média a cada intervalo de dois segundos; use os dados para fazer um gráfico da velocidade média em função do tempo, tomando o cuidado de atribuir o valor da velocidade média ao tempo médio do intervalo.

7. Seu gráfico indica que a aceleração do carro foi constante? Determine a aceleração média do carro durante o período em que foi empurrado.

8. Usando as leis de Newton, calcule a massa do carro.

9. Compare o valor encontrado com o fornecido pelo fabricante. Normalmente, verifica-se que o valor encontrado é muito maior que a massa fornecida pelo fabricante. O que ocorre é que grande parte da força feita para movimentar o carro é consumida pelo atrito das rodas com o chão ou pelo atrito interno entre as peças do carro. No seu caso, que fração da força foi usada para movimentar o carro e quanto foi consumido pelo atrito?

Figura II-15: Como determinar a massa de um carro usando uma balança de banheiro

10. A FIG. II-16 mostra os resultados obtidos por um grupo de estudantes de Licenciatura em Física do Instituto Federal de Minas Gerais, Campus de Ouro Preto. Nota-se que um dos valores medidos teve de ser desprezado nos cálculos, por indicar um momento em que a força sobre o carro não foi constante. Os resultados indicam que cerca de 2/3 da força exercida sobre o carro foi usada para vencer o atrito interno das peças do carro ou entre os pneus e o pavimento.

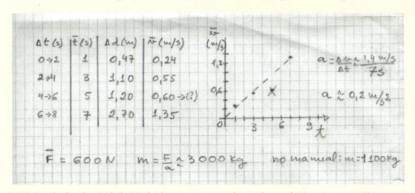

Figura II-16: Resultados da atividade A2 obtidos por um grupo de estudantes de Licenciatura em Física

A3- Tempo de reação de uma pessoa

Intervalos de tempo muito curtos podem ser medidos indiretamente. Por exemplo, o tempo de reação de uma pessoa pode ser medido utilizando-se a queda de uma régua de plástico (FIG. II-17): segure a régua verticalmente pela ponta superior, de forma que o zero fique na ponta inferior; um colega deve colocar os dedos próximos ao zero da régua e ficar pronto para segurá-la quando perceber que você a soltou. Verifique a distância percorrida pela régua entre o momento em que você a soltou e o momento em que seu colega a segurou e use a TAB. II-1 para avaliar o tempo de reação do colega. Em que se baseia esse método de medida do tempo?

Tabela II-1. **Tempo de queda de uma régua**

Distância percorrida pela régua (cm)	5	10	15	20	25	30
Tempo de reação (s)	0,10	0,14	0,17	0,20	0,22	0,24

Usando os dados obtidos, calcule a distância necessária para frear um carro que estiver se movendo a 60 km/h, e outro, a 120 km/h. Considere que os freios podem levar um carro da velocidade de 100 km/h ao repouso em 5 s.

Nota: o tempo de reação para frear um carro é, em geral, maior que o medido nesta atividade. É preciso considerar o tempo que o cérebro utiliza para processar a informação sobre a necessidade da freada e enviar uma ordem aos músculos do pé para que acionem o pedal do freio. Além disso, há também o tempo necessário para que o pedal seja pressionado até iniciar o funcionamento do sistema de freio. Apenas nesse momento os componentes do freio entram em contato entre si e começam a diminuir a rotação das rodas. O tempo total, em geral, é considerado como da ordem de 1 s.

Figura II-17: Determinação do tempo de reação de uma pessoa

A4 - Engrenagens

Meça o diâmetro do pneu de um carro e calcule quantas voltas ele deve dar em um minuto, para que a velocidade do carro seja de 60 km/h. Sabendo que o motor gira em média com 2.000 rotações por minuto, avalie a razão entre o diâmetro da roda e o diâmetro do eixo de manivelas do motor.

CAPÍTULO III
A CARROCERIA

Fuscão preto, você é feito de aço...[1]
"Fuscão preto", Atílio Versutti e Jeca Mineiro

A função da carroceria do automóvel é proteger seus mecanismos e os ocupantes do veículo durante o trajeto. Dentro do habitáculo, estão os pedais e os controles para direção do carro, assim como uma série de instrumentos de medição que informam a rotação do motor, a velocidade do carro, o nível de combustível no tanque, a temperatura do motor e do habitáculo, além de outras informações que podem ser úteis para o bom desempenho do veículo. O material e a forma da carroceria, assim como a distribuição do peso no veículo, são itens importantes a ser considerados.

---

[1] Atualmente, o aço usado na fabricação dos carros tem sido parcialmente substituído por outros materiais, mais leves, resistentes ou com características específicas convenientes para sua utilização.

O material da carroceria

O material da carroceria deve ser durável e resistir à umidade e a poluentes do ambiente. A carroceria deve ser feita de um material que se quebre ou se deforme para absorver os impactos durante uma colisão; se for feita de um material resistente, os impactos serão transferidos para os ocupantes do veículo. Ao mesmo tempo, ela deve ser o mais leve possível, para que a potência do motor seja mais bem aproveitada para o deslocamento.

Por razões históricas, chama-se a carroceria de "lataria", já que os primeiros carros tinham a carroceria inteiramente feita de metais. Hoje, além de metais (ferro, alumínio, cobre, zinco e as ligas aço e bronze)[2], são usados plásticos, borracha e vidro (FIG. III-1).

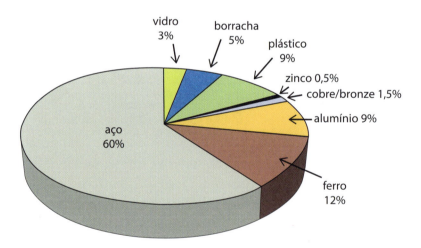

Figura III-1: Materiais que compõem a carroceria

---

[2] O aço é uma liga metálica que contém principalmente ferro, com a adição de até 2% de carbono. A função do carbono (C) é dar ao material resistência e ductilidade (facilidade para ser dobrado sem se quebrar). Os átomos de carbono inseridos na estrutura cristalina do ferro (Fe) impedem a quebra das ligações entre átomos de ferro. O aço inoxidável tem pequena quantidade de cromo (Cr) que dificulta a formação de óxidos de ferro.

A parte metálica da carroceria sofre desgastes por causa das variações de temperatura e umidade, da incidência da radiação solar, principalmente na faixa de radiação ultravioleta, além da poluição atmosférica e da maresia. Por isso, as peças metálicas, principalmente as constituídas de ferro e aço, devem ser preparadas para resistir à corrosão. Para isso, as chapas de aço são recobertas de uma fina camada de zinco, que impede a oxidação provocada por umidade e agentes corrosivos da atmosfera. Como os pneus podem projetar água e lama na parte inferior da carroceria, a proteção deve ser feita nas partes externa e interna das chapas.

A parte externa recebe em seguida uma camada de fosfatos para facilitar a adesão da pintura, que é feita por eletrodeposição. No processo de eletrodeposição, uma corrente contínua circula por um tanque que contém uma solução iônica, isto é, uma solução com a presença de sais que, dissolvidos em água, se separam em íons positivos e negativos. Um dos eletrodos é a peça que se quer recobrir: os íons de carga oposta ao eletrodo se depositarão sobre a peça em uma camada fina e uniforme, neutralizando-se com cargas elétricas fornecidas pelo circuito. No caso da pintura por eletrodeposição, as tintas são sais orgânicos dissolvidos em água, e o eletrodo que contém a peça atrai as partículas de tinta eletricamente carregadas. Além de melhorar a aparência do carro, a tinta serve também como mais uma proteção da carroceria contra os efeitos do ambiente.

A cor do carro, em geral, é considerada pelo usuário apenas do ponto de vista estético, mas pode influir no consumo de energia do veículo: cores claras ou metálicas refletem a luz solar, inclusive nos comprimentos de onda não visíveis do infravermelho próximo, que são sentidos por nós como calor; as cores escuras absorverão luz visível e infravermelho. Num país tropical, como o nosso, os carros claros ficarão menos aquecidos, quando estacionados sob o sol, diminuindo a necessidade do uso do equipamento de ar-condicionado. Por outro lado, em um país de clima frio, pode ser interessante se ter carros escuros para aproveitar o calor dos raios solares.

A forma da carroceria

A forma da carroceria vai influenciar no seu comportamento aerodinâmico durante o movimento. Os primeiros automóveis, que surgiram no fim do século XIX e início do século XX, tinham linhas retas e formas quadradas, que ofereciam muita resistência ao ar, quando em movimento. Atualmente, os carros têm linhas arredondadas e vidros dianteiros e traseiros inclinados, para que o ar circule suavemente ao redor da carroceria durante o deslocamento.

A resistência do ar provoca também ruído no carro em alta velocidade; esse pode ser reduzido adotando-se as formas aerodinâmicas.

Existe também o cuidado para que a carroceria tenha forma inversa à de uma asa de avião, o que provoca pressão maior em cima que em baixo do carro e aumenta a adesão das rodas ao solo. Com esse procedimento, no entanto, aumenta a energia gasta pela interação entre os pneus e o solo. A parcela de potência do motor disponível para movimentar o carro fica menor, ou seja, a eficiência do carro fica diminuída.

A perda de potência de um carro em movimento pode ser descrita pela relação:

$$\Delta P = a + bv + cv^2$$

As constantes a e b dependem da interação dos pneus com o solo e das partes móveis entre si; a constante c depende da resistência do ar. A baixas velocidades, os dois primeiros termos da equação são mais importantes, indicando que a perda de potência é principalmente devido à interação entre os pneus e o solo. Somente a altas velocidades as considerações sobre a aerodinâmica do carro serão importantes para o seu desempenho. Nos carros de corrida, por exemplo, a forma da carroceria é cuidadosamente estudada, e são colocados aerofólios, para aumentar a pressão contra o solo, e *spoilers*, para diminuir a resistência do ar.

Solda

As diversas partes da carroceria de um veículo são unidas por solda: pequenas regiões das peças metálicas são aquecidas até a sua fusão; ao resfriar, o metal fundido adere às duas peças que se quer unir.

Usualmente, a solda de peças automotivas é feita por três técnicas: solda por arco elétrico, solda a ponto por resistência ou solda a laser.

Na solda por arco elétrico, tem-se um circuito elétrico onde um dos eletrodos é um arame de metal e o outro é a peça que receberá a solda: aplicando-se alta voltagem ao circuito, forma-se um arco voltaico entre os eletrodos, e a temperatura elevada desse arco funde o arame. Um fluxo de gás (Ar, He, CO_2 ou O_2) arrasta o metal fundido e o deposita sobre as peças; ao solidificar, o material da solda manterá as peças unidas.

Na solda a ponto, as peças a ser unidas são colocadas uma sobre a outra; um circuito elétrico com duas ponteiras faz passar uma corrente elétrica através de um ponto de contato entre as peças. Nesse ponto, o metal é aquecido por efeito Joule até sua fusão, e, após seu resfriamento, as peças ficam unidas.

Na solda a laser, um feixe de laser incide sobre uma pequena região da peça metálica, fundindo-a localmente e soldando-a a outra peça, colocada logo abaixo da primeira.

Atualmente, a solda automobilística é feita por braços mecânicos controlados por computador, os chamados "robôs industriais" (FIG. III-2). O profissional soldador trabalha à distância, programando e controlando o equipamento. O uso desses robôs aumentou a eficiência da produção automotiva e diminuiu os acidentes de trabalho causados por queimaduras.

Figura III-2: Solda robótica

Instrumentos do painel

Encontramos no painel do carro uma série de instrumentos que auxiliam o condutor na direção do veículo. Em todos eles, o funcionamento é baseado em princípios básicos de Física. Descrevemos abaixo alguns desses instrumentos.

O **velocímetro**, mostrado na FIG. III-3, é composto de um cabo flexível (A) que tem uma das pontas ligada ao eixo das rodas; do outro lado do cabo, há um ímã (B) que gira com a mesma velocidade de rotação das rodas. O ímã gira dentro de um copo de alumínio (C), que também pode girar, mas não está conectado com o ímã.

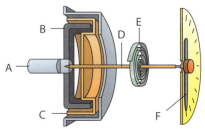

Figura III-3: Esquema de um velocímetro mecânico

Devido à rotação do ímã, há uma variação do campo magnético dentro do copo, gerando nele correntes parasitas. Como o copo está imerso no campo magnético do ímã, as correntes provocam força sobre ele, fazendo-o girar e tentar acompanhar a rotação do ímã. No entanto, o copo está preso por um eixo (D) a uma mola (E), que restringe sua rotação: ele gira de certo ângulo e faz girar um ponteiro preso a ele (F), que indica a velocidade do carro no painel. Quanto maior for a velocidade do carro, mais rápido o ímã vai girar, maior será a força sobre o copo, e, portanto, maior será o deslocamento do ponteiro.

Velocímetros mais modernos substituem as partes mecânicas por sensores eletrônicos. Nesse caso, um pequeno ímã, preso ao eixo das rodas, gira próximo a um sensor, que emite um pulso elétrico cada vez que o ímã passa por ele. Um sistema eletrônico conta a frequência dos pulsos elétricos e calcula a velocidade do carro. Em outro sistema, um sensor óptico emite pulsos elétricos à passagem dos dentes de uma engrenagem. Quando existem esses sensores, o mostrador do velocímetro pode ser digital, apresentando a velocidade em números, ou o sistema pode ser ligado a um motor de passo, que fornece a velocidade em um mostrador de ponteiro, mais tradicional e familiar aos motoristas.

O **odômetro**, ou conta-giros, tem o mesmo princípio de funcionamento do velocímetro.

O **indicador de nível do combustível** possui uma boia de plástico que flutua no combustível, dentro do tanque. A boia está conectada a uma barra de metal, e a outra ponta dessa barra desliza sobre um resistor variável (FIG. III-4). Quando o tanque está cheio, apenas uma pequena porção do resistor faz parte do circuito; sua resistência é pequena e, portanto, a corrente tem um valor alto. Quando o tanque está vazio, uma grande porção do resistor variável faz parte do circuito, aumentando a resistência e diminuindo a corrente que circula.

Em veículos antigos, essa corrente era usada para aquecer uma lâmina bimetálica, que se curvava e deslocava o ponteiro do mostrador. Com o tanque vazio (corrente baixa), a lâmina bimetálica não era aquecida, e o ponteiro do mostrador indicava o nível baixo de combustível no tanque.

Nos sistemas atuais, um dispositivo eletrônico analisa o valor da corrente e provoca o deslocamento de um ponteiro, indicando o nível de combustível no tanque.

A boia deve ser feita de um material que flutue no combustível; assim como as partes do circuito aquecedor que ficam em contato com o combustível ou com os seus vapores, ela deve ser resistente à corrosão provocada por ele.

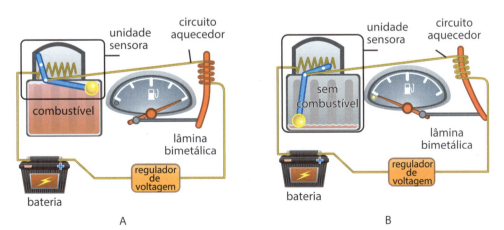

Figura III-4: Indicador de nível do combustível: (A) tanque cheio e (B) tanque vazio

Atividades

A1. Prepare duas garrafas PET vazias, pintando uma de preto e outra de branco. Encha as garrafas com água e coloque-as lado a lado, em um local ensolarado, ou sob uma lâmpada forte.

Após algum tempo, toque a superfície das garrafas com as pontas dos dedos, ou derrame um pouco da água de cada uma em suas mãos. Qual delas está mais quente e por quê? Em caso de dúvida, experimente com os olhos fechados. Tente dar uma explicação para os fatos observados.

Com base em suas conclusões, discuta o que acontece quando um carro preto e outro branco ficam estacionados ao sol por algum tempo.

A2. Deixe cair da mesma altura e ao mesmo tempo dois pedaços de cartão, de mesmo tamanho. Um deles deve ser colocado com seu plano na vertical, e o outro, com seu plano na horizontal. Observe a queda e explique o que ocorreu. Que forças agem sobre os objetos que caem, em cada caso? Tente relacionar o que você observou com a preocupação dos fabricantes em projetar os carros com formas arredondadas.

A3. Ao escolher o material da carroceria de um automóvel, é preciso levar em conta diversas propriedades dos materiais:
- a **elasticidade**, que é a capacidade do material de retornar à sua forma original após uma deformação;
- o **limite elástico**, que é o valor da força mínima necessária para deformar um material de tal maneira que ele não retorne à sua forma original;
- a **força de ruptura**, que é o valor da força mínima necessária para quebrar o material.

Para esta atividade, você vai precisar de uma régua de plástico, uma borracha de apagar, uma caneta tipo *Bic*, um lápis, um clip de papel.

Tente comprimir, distender e flexionar seus materiais e analise-os quanto à elasticidade, limite elástico e força de ruptura. Baseado em suas observações, analise a conveniência de se fabricar a carroceria de automóveis com esses materiais.

CAPÍTULO IV
EQUIPAMENTOS DE SEGURANÇA E CONFORTO

Meu carro não tem breque, não tem luz, não tem buzina...[1]
"Rua Augusta", Hervé Cordovil

Além dos sistemas que proporcionam e controlam o movimento do carro, existem equipamentos que garantem a segurança do condutor e dos passageiros e também o seu conforto. Entre os equipamentos de segurança, ressaltamos o funcionamento dos faróis, luzes intermitentes, espelho retrovisor, cintos de segurança e *air bags*. Em todos esses elementos os princípios da Física são importantes. A Física também é importante quando se deseja fazer uma distribuição segura da carga em um veículo. Os sistemas de refrigeração e aquecimento do habitáculo, também baseados nos princípios da Física, trazem conforto aos ocupantes do veículo.

---

[1] Ao contrário do que diz essa canção, itens de segurança e conforto são cada vez mais necessários ao se colocar um veículo em circulação.

Faróis

Os faróis do automóvel devem emitir luz intensa, porém ser direcionados para a via de rolamento, evitando ofuscar os condutores que trafegam no sentido oposto. Para isso, usa-se um espelho parabólico como receptáculo da lâmpada, que é colocada sobre seu foco: a luz emitida pela lâmpada na direção do espelho é refletida para a frente, em um feixe paralelo. A luz emitida diretamente para frente é interceptada por um pequeno espelho esférico, colocado de maneira que o filamento da lâmpada esteja no centro desse espelho. A luz que incide sobre ele é refletida sobre si mesma, indo alcançar o grande espelho parabólico como se partisse da lâmpada (FIG. IV-1). Em geral, o pequeno espelho esférico é pintado na própria ampola da lâmpada, que tem o formato e dimensões adequados. Parte do vidro dianteiro do farol, ou todo ele, pode ter a forma de uma lente, que desvia o feixe de raios paralelos para o piso da estrada.

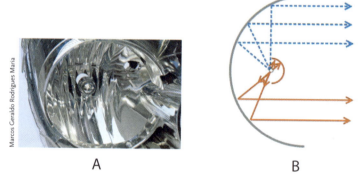

Figura IV-1: (A) faróis automotivos; (B) esquema de raios luminosos em um farol automotivo: em azul e pontilhado, raios luminosos que incidem sobre o espelho parabólico vindos do foco e são refletidos como um feixe paralelo; em vermelho e traços contínuos, raios luminosos que incidem sobre o pequeno espelho esférico a partir de seu centro são refletidos sobre si mesmos e alcançam o espelho parabólico como se viessem do seu foco.

A luminosidade fornecida pela lâmpada provém de um filamento de tungstênio, aquecido pela passagem de corrente elétrica. No entanto, a alta temperatura gerada pela corrente faz com que o tungstênio evapore, indo se depositar na parede interna do bulbo da lâmpada. A evaporação e a deposição do vapor de tungstênio deterioram o filamento e escurecem o bulbo. Para evitar esses problemas, o bulbo é preenchido com gás de um elemento do grupo halogênio (Br, I), a altas pressões. Esse gás se combina com o vapor de tungstênio, evitando o depósito escuro nas paredes do bulbo. Na superfície do filamento, por causa da alta temperatura, a reação é revertida, e o tungstênio é novamente depositado sobre o filamento.

Atualmente estão surgindo no mercado as lâmpadas de xenônio: dentro do bulbo existe gás xenônio pressurizado, e dois eletrodos colocados a pequena distância um do outro. Aplicando-se alta tensão entre os dois eletrodos, cria-se um arco voltaico que aquece o gás, excitando suas moléculas e criando um plasma. Quando o gás retorna ao estado fundamental, é emitida radiação principalmente nas faixas do visível e ultravioleta (UV), sendo que a radiação UV é barrada pelo bulbo da lâmpada.

A luz dessas novas lâmpadas é muito intensa, e elas requerem um mecanismo que muda a posição dos faróis ao passar por lombadas, para não ofuscar outros motoristas.

Distribuição da carga

Um veículo tem como apoios as quatro rodas; para ter equilíbrio estável, seu centro de massa deve ficar entre elas. Quanto mais baixo ele estiver, menor a possibilidade de o veículo tombar durante o movimento.

A posição dos passageiros e do bagageiro leva em conta esse raciocínio, para evitar desequilíbrio. Para evitar deslocamentos por inércia durante acelerações, freadas e curvas, são usados cintos de segurança para as pessoas, e presilhas para a carga.

A colocação de bagagem sobre o teto e o transporte de pessoas fora do local correto podem acarretar acidentes graves. Há relatos de um acidente em que os passageiros se inclinaram pelas janelas de um dos lados do carro, deslocando o centro de massa do conjunto para fora da área delimitada pelas rodas. Isso fez com que o carro tombasse ao fazer uma curva.

Em veículos que transportam carga líquida, é preciso tomar cuidado em curvas e freadas, pois o líquido se desloca dentro do tanque e altera a posição do centro de massa. Os tanques desses veículos têm compartimentos que evitam que o líquido se desloque de uma grande distância.

Lâmpadas intermitentes

O condutor de um veículo usa lâmpadas intermitentes para advertir outros motoristas sobre manobras como virar em curvas ou alerta ao parar o veículo em emergências.

Em carros antigos, as lâmpadas eram alimentadas pelo circuito mostrado na FIG. IV-2. Ele contém um resistor enrolado sobre uma mola de aço, em forma de arco. Inicialmente a corrente passa pelo resistor, que se aquece por efeito Joule. A mola de aço também é aquecida e se dilata, deformando-se e fechando o contato com a lâmpada. Nessa configuração, a corrente passa principalmente pela mola de aço; o resistor esfria, a mola volta à forma original e desfaz o contato com a lâmpada. O ciclo recomeça, com um período aproximado de duas vezes por segundo.

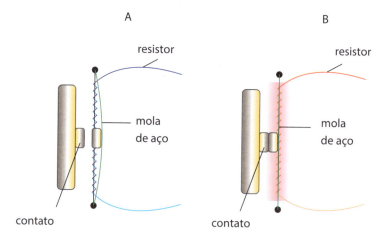

Figura IV-2: Circuito das lâmpadas pisca-pisca: (A) circuito aberto e (B) circuito fechado

Atualmente, as lâmpadas são alimentadas por um circuito temporizador, que contém resistências e capacitores. O tempo de carga e descarga dos capacitores determina a frequência do ciclo da lâmpada. O sistema emite um ruído intermitente, introduzido artificialmente, para alertar o motorista de que as lâmpadas estão ligadas.

Espelho retrovisor

O espelho retrovisor é usado pelo motorista para verificar a existência de outros veículos atrás do seu, mas o motorista pode ser ofuscado pelos faróis de um desses carros, à noite. Para evitar isso, o vidro do espelho tem forma de cunha: a face traseira, espelhada, não é paralela à face dianteira.

Quando incide luz sobre o espelho, cerca de 3% dessa luz é refletida pela face dianteira do vidro; outros 3% são absorvidos pelo vidro, e, portanto, mais de 90% da luz incidente é transmitida até a face espelhada. A luz que chega a essa face é praticamente toda refletida.

Na posição normal do espelho, a imagem dos objetos que estão atrás do carro é refletida na direção dos olhos do motorista. Por causa do ambiente escuro, suas pupilas estão dilatadas, e os faróis brilhantes de outro carro poderão ofuscá-lo. À noite, então, ele inclina o espelho: nessa nova posição, a imagem dos faróis será refletida em outra posição, enquanto uma imagem mais fraca, refletida pela face dianteira do vidro, alcança os olhos do motorista (FIG. IV-3).

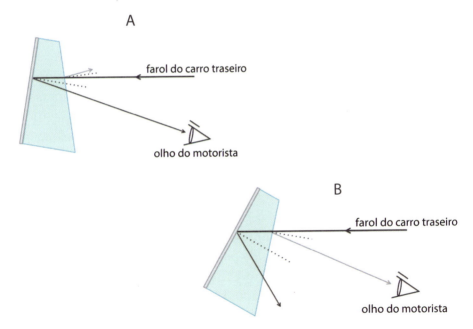

Figura IV-3: Posição do espelho retrovisor durante o dia (A) e durante a noite (B)

Cintos de segurança

O cinto de segurança usa alguns princípios da Física para proteger os ocupantes do carro em caso de uma freada brusca ou de curva acentuada.

De acordo com as leis de Newton, sabemos que, na ausência de força externa, um objeto mantém seu estado de movimento ou de repouso. Se o carro está em movimento, todos os objetos e as pessoas em seu interior têm o mesmo movimento. Se o carro sofre uma parada brusca, os passageiros vão continuar se deslocando para a frente até que uma força externa pare seu movimento. Se eles não estão atados, vão se chocar contra alguma parte dura do carro (o para-brisa, o volante, o encosto do banco da frente). A reação desses objetos à força exercida pelo corpo das pessoas é uma força de grande intensidade, que pode feri-las. Se elas estiverem atadas com o cinto de segurança, este exercerá a força necessária para que reduzam a sua velocidade.

No entanto, se a força aplicada pelo cinto sobre a pessoa for muito intensa, pode também machucá-la. Sabemos que a mudança da quantidade de movimento depende do impulso aplicado ao objeto, ou seja, da força aplicada e do tempo no qual essa força age: uma força de módulo menor aplicada durante um tempo maior terá o mesmo efeito que uma força maior aplicada durante um tempo menor. Então, se queremos exercer uma força de menor intensidade sobre a pessoa, precisamos que ela atue durante um tempo maior. Isso é conseguido usando um cinto flexível, que se deformará enquanto é pressionado pelo corpo da pessoa. Alguns cintos possuem também pregas, que se desfarão no caso de um choque violento, e proporcionarão um pequeno espaço para que o corpo se desloque antes da parada total.

O cinto de segurança de 3 pontos age sobre o tórax e a bacia da pessoa, mais resistentes que outras áreas do corpo, e que podem receber sem sofrer danos a força exercida pelo cinto.

Para comodidade do usuário, existe uma mola que recolhe o cinto, quando esse não está sendo usado. Um sistema interno permite que ele seja puxado lentamente (durante a sua colocação sobre a pessoa), mas trava, se for puxado bruscamente (no caso de freada ou acidente).

Air bags

Como auxiliar dos cintos de segurança, alguns carros possuem bolsas infláveis, chamadas *air bags*, que funcionam segundo os mesmos princípios de inércia e variação da quantidade de movimento.

As bolsas contêm azida de sódio (NaN_3), nitrato de potássio (KNO_3) e sílica (SiO_2), substâncias inicialmente usadas em propelentes de foguetes espaciais. É acrescentado amido de milho à mistura, como lubrificante da bolsa plástica.

O veículo possui um sensor que detecta a desaceleração brusca ocorrida durante um acidente e aciona um dispositivo que provoca uma pequena faísca na região onde está a mistura mencionada acima. Acontece, então, uma série de reações, com a liberação de grande quantidade de nitrogênio gasoso (N_2), e a bolsa é inflada[2]. Assim se obtém nitrogênio gasoso (N_2), que infla a bolsa, mas o sódio metálico (Na) é explosivo e precisa ser neutralizado[3]. A reação de neutralização libera mais nitrogênio gasoso; os outros produtos da reação, que são muito reativos, são transformados pela sílica em silicatos vitrosos, não reativos[4].

Quando ocorre um acidente, a bolsa é inflada e amortece o choque do corpo do condutor ou passageiro contra o volante ou o painel do carro. A quantidade de reagentes é calculada de forma que o gás gerado encha a bolsa, mas não exerça pressão excessiva sobre o corpo da pessoa. A bolsa tem pequenos orifícios que permitem a saída lenta do gás, à medida que ela é pressionada pelo corpo, aumentando o tempo de contato e, portanto, diminuindo a força exercida sobre a pessoa. A bolsa oferece uma área de contato com o corpo maior que a do cinto ou das partes duras do carro; lembrando que a pressão depende da força e da área sobre a qual a força é aplicada, verificamos que a pressão do corpo sobre ela resultará em uma força menor do que a exercida pelo cinto ou partes do carro.

A azida é tóxica e reage explosivamente em contato com metais ou com água. Por isso, é necessário um cuidado especial durante a manutenção e o descarte das bolsas infláveis.

---

[2] $2NaN_3 \xrightarrow{300\,°C} 2Na + 3N_2$ (gás)

[3] $10Na + 2KNO_3 \longrightarrow K_2O + 5Na_2O + N_2$ (gás)

[4] $K_2O + Na_2O + 2SiO_2 \longrightarrow K_2O_3Si + Na_2O_3Si$

Sistema de refrigeração do habitáculo

Os aparelhos de ar-condicionado, assim como os refrigeradores, são máquinas que retiram o calor do interior de um reservatório e liberam esse calor para o meio exterior. Esse processo exige um aporte de energia externa ao sistema, usualmente sob a forma de energia elétrica. A refrigeração é obtida através de transformações termodinâmicas realizadas em um gás refrigerante, que pode ser, por exemplo, o *freon*, que flui em um sistema fechado.

Para compreender o processo de refrigeração, vamos estudar passo a passo o ciclo termodinâmico efetuado pelo gás refrigerante. A FIG. IV-4 é o diagrama P x V para o ciclo do gás:[5]

1- Na etapa AB, o motor ou compressor aspira o gás da tubulação interior do aparelho e o comprime. O processo é rápido e, portanto, muito próximo de um processo adiabático. Neste caso, não há transferência de calor entre o gás e o meio exterior ($\Delta Q = 0$). O trabalho W_{motor} fornecido pelo motor se transforma em energia interna do gás; a temperatura T do gás aumenta, assim como a sua pressão P. O gás a alta pressão e alta temperatura é forçado em direção ao radiador, na parte externa do habitáculo do veículo.

2- Na etapa BC, o gás a alta pressão e alta temperatura circula pelo radiador a pressão constante. Nesta etapa, temos, portanto, um processo isobárico. Como sua temperatura é mais alta que a do ambiente, o gás libera para o ambiente uma quantidade de calor ΔQ_{rad}; sua temperatura cai abaixo do ponto de fusão, à pressão a que está submetido, e ele se liquefaz. Com a liquefação, o volume V do gás diminui, aumenta a liberação de calor para o ambiente, e a temperatura do gás cai ainda mais.

3- Na etapa CD, o gás passa primeiramente por um filtro que retira qualquer contaminação de óleo que possa ter vindo do motor. A seguir, ele penetra numa câmara de descompressão, que é

---
[5] O diagrama P-V é explicado no Capítulo I.

constituída por um tubo capilar. O gás liquefeito flui por essa passagem fina com alta velocidade. Isso provoca a queda de sua pressão, e, consequentemente, o seu ponto de ebulição diminui: parte do líquido vaporiza.

A transformação de parte do líquido em gás resulta numa expansão quase adiabática, já que é feita rapidamente e não há tempo para haver troca de calor entre o gás e o exterior ($\Delta Q = 0$). A expansão é realizada às custas da energia interna do sistema. Portanto, temos aumento do volume V e queda na temperatura T do gás.

4- Na etapa DA, o gás circula pela serpentina do aparelho, onde absorve o calor do ar interior do veículo. A pressão P é mantida baixa e constante, e temos, portanto, um processo isobárico. O sistema absorve uma quantidade de calor ΔQ_{int}, que faz com que o líquido se vaporize completamente e que sua temperatura T aumente.

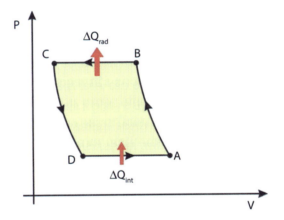

Figura IV-4: Diagrama P x V para um ciclo de refrigeração

Na FIG. IV-4, estão representados o calor ΔQ_{int}, que entra no gás vindo do interior do veículo, e o calor ΔQ_{rad}, que sai pelo radiador para o ambiente; o trabalho W_{motor} fornecido pelo motor equivale à área colorida dentro do ciclo. Como temos um processo cíclico, podemos dizer que o sistema voltou ao seu estado inicial, ou seja,

$$\Delta U = 0$$

Pela Primeira Lei da Termodinâmica:

$$\Delta Q_{int} + W_{motor} - \Delta Q_{rad} = 0$$

ou seja:

$$\Delta Q_{rad} = \Delta Q_{int} + W_{motor}$$

Portanto, o calor devolvido ao ambiente pelo radiador equivale ao calor retirado do habitáculo, acrescido da energia fornecida pelo motor.

Da mesma forma que não é possível construir uma máquina térmica ideal, onde todo o calor fornecido seja transformado em trabalho, também não existe o sistema de refrigeração ideal, onde o calor seria retirado de uma fonte fria e rejeitado para uma fonte quente, sem necessidade de realizar trabalho sobre o sistema. A FIG. IV-5 mostra o esquema de um sistema de refrigeração impossível (FIG. IV-5A) e de um sistema real (FIG. IV-5B).

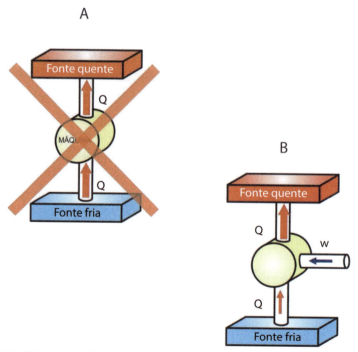

Figura IV-5: (A) Sistema de refrigeração impossível. (B) Sistema de refrigeração real

Sistema de aquecimento

Para conforto de seus ocupantes em dias frios, o veículo pode ser equipado com um sistema de aquecimento do habitáculo, que aproveita o calor gerado pelo motor: cerca de 60% da energia fornecida ao motor pelo combustível é transformada em calor durante seu funcionamento. Parte desse calor é usada para manter a temperatura ideal de funcionamento do motor e do sistema de exaustão, e o restante é irradiado para o ambiente por um circuito de arrefecimento, constituído por tubos por onde circula água, radiadores e ventoinhas. Esse circuito tem um ramal que fornece calor ao habitáculo e pode ser aberto ou fechado pelos ocupantes do veículo (FIG. IV-6).

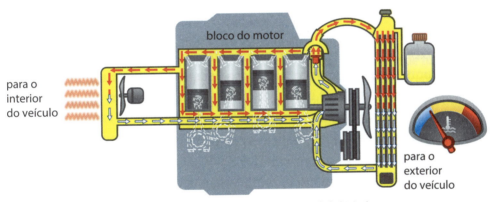

Figura IV-6: Sistema de arrefecimento do motor e de aquecimento do habitáculo

Em dias úmidos ou frios, a parte interna dos para-brisas dos carros costuma ficar embaçada, devido à condensação da umidade do ar sobre a superfície fria do vidro. Para evitar o problema, que dificulta a visibilidade através do vidro, pode-se fazer circular um fluxo de ar sobre ele. Porém, como o ar ambiente está saturado de umidade, é preciso usar o ar seco, proveniente do sistema de ar condicionado do veículo, causando incômodo nos ocupantes do veículo, já que o dia está frio ou chuvoso. Nesse caso, usa-se o sistema de aquecimento junto com o de ar condicionado, para que o fluxo de ar tenha uma temperatura mais agradável.

Redução de ruídos num automóvel

Existem duas razões para se tentar reduzir o ruído provocado por um automóvel em movimento: o nível de ruído emitido para o exterior é regulamentado, uma vez que essa é uma das principais fontes de ruído ambiente nas grandes cidades e vizinhanças de rodovias. Ao lado disso, tenta-se reduzir o nível de ruído interno, visando ao conforto dos ocupantes do veículo. Em geral, nota-se que a redução dos ruídos emitidos externamente reduz também o ruído interno do veículo.

A principal fonte de ruído de um automóvel é o motor, principalmente em baixas velocidades; em altas velocidades (em geral, acima de 70 km/h), tornam-se importantes também os ruídos provocados pela interação entre os pneus e a pista de rolamento e pela circulação do ar em torno da carroceria em movimento.

Os ruídos provocados pelo motor têm origem principalmente na flutuação de pressão durante a exaustão dos gases de combustão: esses gases pressionam periodicamente o ar existente no cano de escapamento, provocando ondas de pressão que são sentidas por nossos ouvidos como som. Para reduzir o nível de ruído, usa-se o equipamento a que se dá o nome de silenciador, mostrado na FIG. I-9.

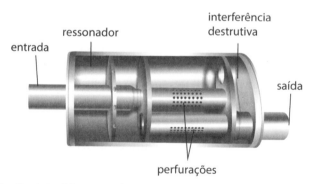

Figura IV-7: Um silenciador típico, mostrado em corte

A onda sonora penetra pelo tubo central e se reflete na parede oposta do silenciador; o comprimento da câmara existente nessa região deve ser tal que a onda refletida encontre a onda incidente com uma diferença de fase de 180°, provocando assim interferência destrutiva entre as duas ondas. Como o motor emite som em diversas frequências, calculam-se as dimensões da câmara para as frequências dos sons de maior intensidade. Apenas uma dada frequência será completamente eliminada, mas sons de frequência próxima a elas serão bastante atenuados.

Os tubos de entrada e saída dos gases têm pequenas perfurações que permitem a saída lateral desses; pequenos pulsos sonoros serão assim cancelados uns com os outros ou absorvidos pelas paredes.

Em geral, o motor produz um som fundamental e seus harmônicos; se for de interesse eliminar alguma frequência cujo som tem intensidade mais importante, pode-se ter no silenciador um ou mais ressonadores de Helmholtz. Esses são câmaras que provocam ressonância em uma frequência bem definida e podem minimizar a transmissão dessa frequência, diminuindo consideravelmente também os ruídos com frequências um pouco acima ou abaixo. Devido ao aumento no custo, os ressonadores, em geral, são colocados apenas em carros de luxo.

O grande problema introduzido com a instalação do silenciador é que ele dificulta a saída dos gases de exaustão, reduzindo a potência do motor. Nos carros esportivos, usam-se tubos retos, em que as paredes são forradas com material poroso, como lã de vidro ou espumas sintéticas. Quando as moléculas do gás atravessam esse meio viscoso, as ondas de pressão são atenuadas e transformadas em calor. O tubo reto facilita a saída dos gases de exaustão e não interfere no desempenho do carro. No entanto, esse sistema não é tão eficiente na redução dos ruídos.

Além do ruído provocado pelas ondas de pressão dos gases de exaustão, existem fontes mecânicas para os ruídos do motor, causados principalmente pelo impacto mecânico do pistão e pela vibração de outras partes móveis. As vibrações são atenuadas pelo uso de material absorvente, como borracha, nas junções entre partes móveis do motor.

Algumas curiosidades sobre os ruídos dos automóveis

- Os carros elétricos, que já circulam em situações especiais, são silenciosos, o que costuma provocar susto em pedestres e até atropelamentos. Para evitar esses transtornos, é introduzido um ruído artificial, semelhante ao de motores de combustão interna, acionado pelo pedal do acelerador.

- Algumas frequências emitidas pelos motores não são audíveis para seres humanos, embora o sejam para alguns animais. Essas frequências não são levadas em conta ao se projetar um silencioso e muitas vezes não são atenuadas por ele. Cachorros, por exemplo, costumam uivar com a passagem de alguns veículos, principalmente as motocicletas que, por terem motores menores, emitem sons de frequências mais altas.

- A água de refrigeração dos motores automotivos costuma atenuar parcialmente o ruído desses. Por essa razão, nota-se que carros com motor refrigerado a ar têm barulho característico.

- Os motores Diesel têm barulho diferente dos de ciclo Otto[6]. Eles têm características construtivas diferentes (são mais robustos e mais pesados, por exemplo). Além disso, como o processo de combustão é diferente, tem-se ainda o barulho do equipamento de injeção de combustível.

- O ruído de um carro em movimento é percebido de forma diferente por uma pessoa em repouso, ao lado da pista de rolamento: quando o carro se aproxima, o ruído é mais agudo, e, quando o carro se afasta, o ruído é mais grave. Isso é devido ao efeito Doppler, que será explicado no Capítulo VI, onde se mostra como a medição da velocidade do carro pode ser feita usando-se o efeito Doppler para ondas eletromagnéticas.

---

[6] Os ciclos Otto e Diesel são descritos no Capítulo I.

Quanto da energia da gasolina é utilizada para movimentar uma pessoa?

Um pequeno cálculo nos mostra a porcentagem ínfima da energia fornecida pelo combustível que serve para transportar uma pessoa (FIG. IV-8).

Um motor de combustão interna, em geral, tem eficiência de no máximo 40%, ou seja, apenas essa parcela da energia consumida por ele é usada para gerar seu movimento; pelo menos 60% da energia é dissipada em forma de calor.

Os aparelhos auxiliares do automóvel, como, por exemplo, o sistema de ar-condicionado, consumirão 10% da energia fornecida pelo motor.

Da energia restante, 10% é consumida com o carro parado no trânsito, porém com o motor em movimento.

Embora tenhamos pouca energia realmente dedicada ao movimento do veículo, devemos nos lembrar ainda que 10% dela é utilizada para vencer a resistência do ar durante a locomoção, e 5% é consumida pela interação entre os pneus e o chão, que a transforma em calor.

Portanto, apenas 5% da energia fornecida ao motor se transforma em energia cinética do carro e de seus ocupantes. Lembrando que o carro tem massa 5 a 10 vezes maior que a de seus ocupantes, verificamos que somente 1% da energia desprendida na combustão se transforma em energia cinética das pessoas transportadas!

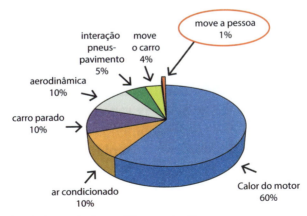

Figura IV-8: Utilização da energia desprendida na combustão

Atividades

A1. Observe os faróis de um carro e identifique a posição dos espelhos curvos e das lentes que o compõem. Qual a função de cada um desses elementos?

A2. Em um carro estacionado em local escurecido, ou à noite, peça a um colega que se posicione atrás do carro e direcione a luz de uma lanterna para o espelho retrovisor.
Coloque o espelho retrovisor na posição normal (usada durante o dia) e observe que a luz da lanterna atinge os seus olhos, depois de ser refletida na superfície espelhada, pintada na face traseira do vidro do espelho.
A seguir, coloque o espelho na posição noturna (que evita o ofuscamento pelos faróis do carro de trás) e observe uma imagem fraca da lanterna, formada pela face dianteira do vidro do espelho. Onde está agora a luz da lanterna que foi refletida pela face espelhada? Com base nessas observações, o que se pode concluir sobre a forma do vidro espelhado do retrovisor?

A3. Sobre uma superfície lisa, coloque em rotação um ovo cozido e um ovo cru. Por que eles se comportam de forma diferente? Com base em suas observações, indique que tipo de veículo de carga seria mais difícil de ser controlado em uma curva: um caminhão tanque parcialmente carregado com líquido, ou outro caminhão, que contém carga sólida de mesmo peso?

A4. Para esta atividade, você vai precisar de uma caixa de sapatos com tampa, um objeto pesado que caiba na caixa (por exemplo, uma pedra ou uma pilha usada) e fita crepe.
Prenda o objeto no interior da caixa, numa das paredes laterais de menor dimensão, e equilibre a caixa de forma que o lado com o peso fique para baixo. Teste a estabilidade da caixa, deslocando-a ligeiramente da sua posição de equilíbrio.
Em seguida, inverta a posição da caixa, para que o peso fique na face de cima, e teste novamente a sua estabilidade.
Qual é a posição aproximada do centro de massa da caixa, em cada um dos casos? Em que isso influiu na sua estabilidade? Baseando-se em suas observações, comente sobre a segurança de se transportar carga no teto de automóveis.

CAPÍTULO V
NOVAS TECNOLOGIAS APLICADAS AO AUTOMÓVEL

Meu Mustang cor de sangue...
Meu Corcel cor de mel...[1]
"Mustang cor de sangue", Marcos Valle

Os novos projetos de automóveis visam aumentar a segurança e/ou o conforto dos deslocamentos, baratear o custo ou minimizar problemas ambientais.

Para isso, o material tradicional tem sido substituído por outros, mais leves, resistentes ou flexíveis. São também propostos novos tipos de vidro, que repelem água, ou novas tintas, que protegem contra a corrosão.

O uso de novos combustíveis e de diferentes tipos de motor traz economia de energia e diminui a poluição ambiental; diversos sensores e sistemas automatizados aumentam a segurança dos deslocamentos, por reagirem em tempos menores que o ser humano.

---

[1] As tintas "do futuro" podem ser escolhidas em cores que tragam conforto térmico aos seus ocupantes (veja a Atividade A1 do Capítulo III), além de terem outras propriedades interessantes, que serão descritas nesse capítulo.

Uso do hidrogênio como combustível

A vantagem do uso do hidrogênio em motores a explosão é que ele não contém átomos de carbono e, portanto, não produz gases de efeito estufa na exaustão. Pode haver, porém, traços dos óxidos nitrosos (NOx), que são tóxicos.

O hidrogênio apresenta maior octanagem, maior calor latente de vaporização, maior poder calórico e maior quantidade de ar na mistura estequiométrica, sendo, portanto, mais eficiente que os combustíveis tradicionais (ver Capítulo I - Combustíveis automotivos). No entanto, o gás hidrogênio não se mistura prontamente com o ar admitido na câmara de combustão; podem ser formados focos com excesso de hidrogênio, gerando pontos superaquecidos que farão com que a ignição ocorra muito cedo, ou fora do tempo.

O hidrogênio pode também ser usado nas células a combustível, que fornecem energia nos carros elétricos. É mais prático "armazenar" a energia em um tanque de H_2 que em um conjunto de baterias, mais pesadas. Além disso, o recarregamento do tanque é mais rápido que a recarga das baterias. A exaustão da célula a combustível é composta apenas de água, que em geral se evapora com o calor gerado pelo motor.

Entre as desvantagens do uso do hidrogênio como combustível estão o alto preço e as dificuldades de produção e estocagem.

O gás hidrogênio não existe na Terra: sua energia cinética à temperatura ambiente lhe confere grande velocidade, já que sua massa é muito pequena, e o gás escapa do campo gravitacional do nosso planeta. Na crosta terrestre, o hidrogênio se apresenta ligado a outros elementos: o gás pode ser obtido a partir de hidrocarbonetos ou por hidrólise da água, processos que consomem energia e podem produzir poluição atmosférica.

O armazenamento do hidrogênio sob a forma de gás ou de líquido requer recipientes que suportem altas pressões, no caso do gás, ou baixas temperaturas, no caso do líquido; e como as moléculas de hidrogênio são muito pequenas, o gás escapa do recipiente através de difusão pelas suas paredes. Outra forma de se armazenar o hidrogênio é fazer com que ele ocupe os espaços vazios existentes entre os átomos da rede cristalina de alguns metais, num processo chamado adsorção.

Motores e geradores

Entre as novas tecnologias desenvolvidas pela indústria automobilística, temos o uso de carros elétricos. Para entender seu funcionamento, apresentamos aqui uma breve descrição do motor e do gerador elétricos.

O funcionamento de um motor elétrico é baseado no aparecimento de força se uma corrente elétrica circula em uma região onde existe campo magnético. Na FIG. V-1, uma espira é submetida a uma diferença de potencial, e sobre ela passa a corrente elétrica $\vec{i}$. Um ímã permanente provoca o campo magnético $\vec{B}$ na região onde está a espira. Aparece, então, uma força em cada um dos lados da espira. Os braços da espira paralelos à direção do campo magnético não sofrem força; nos braços onde a direção da corrente é perpendicular à do campo magnético, surgem as forças $\vec{F}$ e $\vec{F}'$, que fazem a espira girar no sentido indicado na figura. Um sistema de escovas inverte o sentido da corrente cada vez que a espira completou meia volta, e assim o movimento giratório pode continuar[2]. O motor elétrico transforma energia elétrica em energia mecânica. A velocidade de rotação depende das forças sobre a espira e, portanto, da intensidade do campo magnético e do valor da corrente que circula na espira.

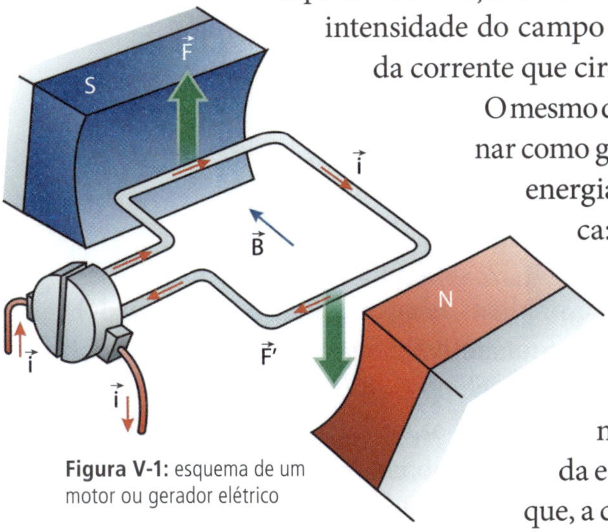

O mesmo dispositivo pode funcionar como gerador, transformando energia mecânica em elétrica: se uma força externa fizer girar a espira dentro do campo magnético, surgirá uma força eletromotriz entre as pontas da espira. Pode-se verificar que, a cada meia volta, o fluxo

Figura V-1: esquema de um motor ou gerador elétrico

---

[2] Se o sentido da corrente não for alterado, a espira fará um movimento de vaivém.

passa por um valor máximo, quando o plano da espira é perpendicular às linhas de campo, diminui até um valor mínimo, quando o plano é paralelo às linhas de campo, e aumenta novamente até o seu valor máximo; assim, a corrente induzida ora terá um sentido (por exemplo, quando o fluxo aumenta), ora o sentido oposto (quando o fluxo diminui). O giro da espira dentro do campo magnético produzirá uma corrente alternada. As escovas nas bordas da espira alternam a posição com que ela se liga ao resto do circuito, a cada meia volta; nesse caso, a corrente gerada é contínua. O valor da força eletromotriz produzida em um gerador depende do valor do campo magnético, da velocidade de rotação da espira, da área da espira e do número de espiras que giram dentro do campo magnético.

Carros elétricos

O carro elétrico é frequentemente apontado como solução para o problema da poluição ambiental gerada pelos gases de emissão dos motores de combustão interna. No lugar do motor de quatro tempos, ele tem um motor elétrico alimentado por bateria. Se o motor funcionar com corrente alternada, será também necessário haver um transformador.

O carro é posto em movimento através de um interruptor, que fecha o circuito de alimentação elétrica do motor. A velocidade é alterada pressionando-se um pedal, ligado a potenciômetros; estes controlam a intensidade da corrente que faz girar o motor.

Há também uma bateria secundária, de 12 V, a mesma que existe nos carros com motor a explosão. Ela alimenta os circuitos dos faróis, ventoinhas, limpadores de para-brisa, direção hidráulica, *air bags*, sistemas de ar condicionado e aquecimento do habitáculo, vidros elétricos, etc.

O motor do carro elétrico necessita de tensões da ordem de 200 V a 300 V, o que é conseguido colocando diversas baterias em série. Essa tensão pode ser obtida, por exemplo, usando-se 25 baterias convencionais de 12 V; o conjunto chega a ter 500 kg, aumentando muito o peso total do carro.

O carro elétrico, atualmente, possui pouca autonomia e necessita que suas baterias sejam recarregadas regularmente. A recarga pode ser feita usando-se a rede elétrica doméstica, o que leva cerca de 12 horas, devido à limitação de corrente na rede. Sistemas mais sofisticados, usando valores mais elevados de corrente, podem fazer a recarga em um tempo três vezes menor. Esses sistemas fornecem alta corrente durante o início da recarga, quando toda a corrente é utilizada para promover a reação química de carga da bateria. Quando se alcança 80% da carga máxima, a corrente é reduzida, pois no final do processo o excesso de corrente provoca o aquecimento do sistema, que pode fazer evaporar o eletrólito e danificar a bateria.

Tais sistemas sofisticados de recarga controlam a carga de cada uma das baterias em série, equalizando-as, para que todas as baterias tenham o mesmo nível de carga ao final do processo.

O motor elétrico oferece a vantagem de se poder usar a **frenagem regenerativa**: durante a frenagem, o motor se transforma em gerador, usando o movimento das rodas para recarregar as baterias.

É preciso se ter em mente que o carro elétrico só evita a poluição ambiental se a eletricidade que o alimenta for produzida de forma não poluente: se a eletricidade for obtida usando-se combustíveis fósseis, o problema da poluição somente se desloca das estradas para a usina elétrica.

As vantagens do carro elétrico, portanto, seriam: motor silencioso; diminuição na poluição ambiental (dependendo da forma de se obter a eletricidade); e uso de um combustível mais barato (também dependendo da forma de se obter eletricidade).

As desvantagens vêm do fato de sua tecnologia ainda não estar completamente desenvolvida: peso das baterias; pequena autonomia; alto preço, por causa do pequeno número de unidades fabricadas.[3]

---

[3] Atualmente existem baterias de lítio (Li). A movimentação dos íons Li+ entre os eletrodos gera uma diferença de potencial de 3,7 V, maior que a das pilhas convencionais, que geram 1,5 V. As vantagens desse tipo de bateria são menor peso, uso de menos baterias e menor tempo de recarga. As desvantagens são o preço alto e a degradação com o tempo e com calor excessivo.

Carros híbridos

A desvantagem dos carros elétricos vem principalmente das baterias, que são pesadas e necessitam de muito tempo para ser recarregadas. Uma forma de se contornar esses problemas é usar um carro híbrido. Em alguns projetos, o carro híbrido tem um gerador movido a combustível, que alimenta uma pequena bateria. Esta fornece energia elétrica ao motor que movimenta o carro.

Em outros projetos, uma bateria faz funcionar um motor elétrico; quando este motor não fornece a potência necessária para o movimento do carro, ele é auxiliado por um motor a combustão interna, alimentado por combustível fóssil ou outro.

Embora os carros híbridos usem combustível, eles o fazem de forma mais eficiente que os carros tradicionais, que usam motores de combustão interna. Os carros híbridos se valem da frenagem regenerativa para aproveitar a energia que, durante a desaceleração, é perdida como calor, nos carros tradicionais.

Atualmente o carro híbrido é visto como a melhor solução de eficiência, mas o carro elétrico é considerado o carro do futuro.

Células a combustível de hidrogênio

Outra solução proposta para aperfeiçoar os carros elétricos é o uso das células a combustível. Nelas, uma reação química transforma o combustível diretamente em eletricidade. A mais comum é a célula a combustível de hidrogênio, na qual hidrogênio reage com oxigênio, gerando água e energia.

A FIG. V-2 ilustra o funcionamento de uma célula a combustível de hidrogênio. As moléculas de H_2 entram por um eletrodo, a ligação entre os dois átomos é quebrada com o auxílio de um catalisador e cada átomo é ionizado. Os prótons se difundem pela célula e os elétrons são conduzidos por um circuito externo. No outro eletrodo, as moléculas de oxigênio (O_2) também são quebradas com a ajuda de um catalisador, e cada átomo de oxigênio se combina com dois íons de hidrogênio. Os elétrons, que passaram pelo circuito externo, juntam-se aos íons para compor as moléculas de água. No trajeto entre os dois eletrodos, os elétrons realizam trabalho sobre o dispositivo que estiver conectado ao circuito.

Capítulo V Novas tecnologias aplicadas ao automóvel 79

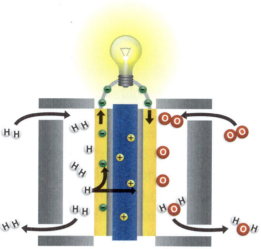

Figura V-2: Funcionamento de uma célula a combustível de hidrogênio

A quebra das ligações entre os dois átomos que formam as moléculas de H_2 ou de O_2 é facilitada pela presença de uma superfície metálica. Em geral é usada a platina (Pt), mas em alguns casos também o paládio (Pd) foi usado. O metal funciona como um catalisador, diminuindo a energia necessária para romper as ligações, como é mostrado na FIG. V-3.

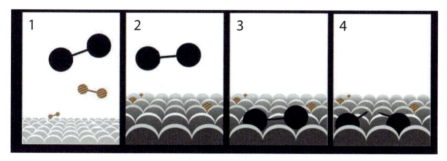

Figura V-3: A superfície de um metal é usada como catalisador para a reação de separação das moléculas de H_2 ou O_2 em átomos desses elementos. Ao se aproximar da superfície (1 e 2), cada átomo do gás se une a um átomo do metal (3), enfraquecendo a ligação entre os dois átomos da molécula e finalmente separando-a em dois átomos (4).
Fonte:
http://www.nobelprize.org/nobel_prizes/chemistry/laureates/2007/popular-chemistryprize2007.pdf

O oxigênio necessário para alimentar a célula a combustível é obtido diretamente do ar. No entanto, a produção e o armazenamento do hidrogênio introduzem dificuldades na utilização desse dispositivo.

Veículos autônomos (sem motorista)

Os chamados carros autônomos são carros que se deslocam sem que haja uma ação do motorista. Embora nossa imaginação nos leve a pensar em um carro se deslocando sem pessoas em seu interior, a ideia do carro autônomo é se ter um veículo que cumpra todas as funções rotineiras automaticamente; isso pode suprir a falta de atenção e de preparo dos motoristas, aumentando a segurança e o conforto dos deslocamentos. Muitos sistemas projetados para carros autônomos já estão presentes em carros de luxo. Destacamos entre eles os freios ABS, já mencionados no Capítulo II, o sistema GPS e a suspensão de Bose, descritos nas próximas seções.

A princípio, o carro autônomo deve possuir:

- freios otimizados, como, por exemplo, o sistema ABS;
- controle de estabilidade e tração: as rodas podem ser aceleradas ou freadas, de forma independente umas das outras, de acordo com informações sobre a pista enviada por sensores;
- prevenção de colisões frontais, através de sistemas que, ao detectarem um obstáculo à frente, enviam comandos para frear, diminuir a potência do motor (minimizando o impacto), preparar os *air bags*, ajustar os cintos de segurança.
- manutenção de velocidade constante, que já existe em muitos carros; os ajustes da velocidade de acordo com a do carro à frente, assim como da distância até ele, podem ser feitos valendo-se de informações obtidas por radares. O funcionamento do radar será descrito no Capítulo VI - prevenção de acidentes.
- um sistema de estacionamento que faça com que o carro se desloque até uma vaga pré-escolhida, seguindo a orientação de sensores colocados à sua volta para que não se choque com outros carros estacionados ou obstáculos no local.
- controle da rota usando-se mapas, sistemas de GPS e informações precisas sobre as ruas e as estradas (condições da pista, presença e velocidade de outros carros, obstáculos, etc.).

Os controles descritos acima permitiriam ao veículo se deslocar sem a atuação do motorista. Atualmente é necessária, porém, a presença humana, para supervisionar o desempenho do carro e tomar decisões em casos que não estejam previstos na programação dos sensores e sistemas de comando[4].

À medida que os carros adquirem sistemas automatizados, é necessário se criar uma ética para seu uso: se o carro se desloca sozinho, quem seria o culpado por um acidente, o motorista ou o fabricante do carro?

Suspensão de Bose

Um tipo de suspensão proposto por A. Bose, proprietário de uma indústria de equipamentos sonoros, pode revolucionar os sistemas de suspensão automotivos. Embora a ideia date de mais de 30 anos, foi preciso esperar melhorias na tecnologia, e o sistema ainda é pouco usado comercialmente. Atualmente, ele existe em veículos de maior porte e de luxo.

No sistema de suspensão de Bose, um sensor colocado na frente de cada roda analisa o piso e envia sinais para um motor linear; este alonga ou retrai o suporte das rodas, para compensar uma depressão ou um ressalto na pista de rolamento. Com isso, são evitadas inclinações da carroceria, mantendo-a sempre paralela à pista e diminuindo seus movimentos verticais. Assim, se proporciona mais segurança e conforto aos passageiros.

O suporte deve se movimentar em milésimos de segundo. Por isso, foi necessário o desenvolvimento de sistemas de transmissão rápida de dados e de um motor que reagisse rapidamente aos sinais, com alta precisão na amplitude do movimento. Ao voltar para a posição inicial, o sistema de Bose devolve parte da energia gasta no alongamento ou na retração, trazendo com isso uma economia na energia usada para movimentar o novo sistema. O princípio de funcionamento desse amortecedor é similar ao de equipamentos que cancelam ruídos em alto-falantes e fones de ouvido. Para que o sistema se torne comercialmente viável, ainda é necessário que sejam resolvidos problemas com seu alto custo e peso excessivo.

---

[4] Nos Estados Unidos da América, em algumas autoestradas, já é possível a utilização de veículos autônomos com a presença humana.

Sistema GPS

O sistema de geoposicionamento (GPS, do inglês *global positioning system*) é um sistema de localização na superfície da Terra. O sistema GPS foi inicialmente concebido para fins militares, mas hoje em dia pode ser usado por qualquer cidadão, em qualquer parte do mundo, para fins de navegação, estudos geodésicos, sincronização de relógios para observações astronômicas ou telecomunicação, e até mesmo para localização durante excursões em áreas desabitadas. Nos automóveis, os sistemas GPS são instalados para permitir a localização de um veículo por uma estação central, ou a orientação de motoristas em estradas ou em grandes cidades.

O sistema é composto de 24 satélites artificiais que orbitam a Terra com períodos de 12 horas, em planos orbitais inclinados de 55° com relação ao plano equatorial terrestre. A altitude dos satélites é calculada de forma que eles repetem a mesma trajetória e configuração do conjunto a cada 24 horas. Há seis planos orbitais com quatro satélites em cada um; cada ponto da Terra "vê" entre cinco e oito satélites, a cada instante. Os satélites emitem sinais com frequências na faixa das micro-ondas, que são pouco absorvidas pela atmosfera terrestre. Cada satélite emite um sinal modulado por um código, que o identifica.

Em terra, estações de rastreamento medem os sinais emitidos pelos satélites, calculam sua órbita precisa e corrigem seus relógios.

O usuário do sistema GPS deve possuir um receptor que, ao receber o sinal de um satélite, identifica o seu código e produz um sinal com o mesmo código. O sinal produzido pelo receptor deve ser atrasado até que fique em fase com o sinal recebido pelo satélite; lembrando que as micro-ondas são ondas eletromagnéticas e, portanto, viajam com a velocidade da luz, notamos que o tempo de atraso do sinal indica a distância entre o satélite e o receptor.

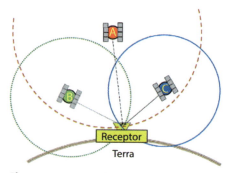

Figura V-4: Sistema de geoposicionamento

Para determinar a posição do receptor, é necessário analisar o sinal de três satélites: a posição será dada pela interseção de três esferas, centradas nos três satélites escolhidos, como mostrado na FIG. V-4. O sinal de um quarto satélite é usado para confirmação dos dados e correção do relógio do receptor. Dessa forma, não é necessário equipar o receptor com um relógio de grande precisão, o que barateia o equipamento.

Uma vez determinada a localização do receptor, um programa instalado no dispositivo indica o roteiro para se atingir um objetivo previamente selecionado.

Tintas do futuro

O desenvolvimento de novos materiais tem permitido se prever que, num futuro próximo, estejam no mercado tintas automotivas que corrijam trincas ou pontos de corrosão da carroceria tão logo eles apareçam. Elas são fabricadas com rejeitos, ou com emulsões que contêm nanopartículas – partículas com tamanhos na escala de nanômetros (10^{-9} m). Quanto menor uma partícula, mais área superficial ela apresenta, comparada ao seu volume, como se pode ver na FIG. V-5. Então, quando as propriedades de um material dependem da área de contato com a sua superfície, as nanopartículas representam economia de material e maior efetividade nos resultados (maior área de contato e menor volume de material).

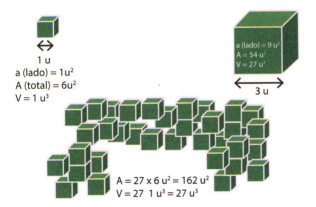

Figura V-5: Relação entre a área e o volume de objetos: se o lado de um cubo mede 3u (u: unidade arbitrária), a área de sua superfície é igual à área de seus 6 lados (54 u²) e seu volume é igual a 27 u³. Se este cubo for dividido em 27 pequenos cubos, de lado 1u, o volume total ainda será igual a 27 u³, mas a área superficial do conjunto será igual à área superficial dos 6 lados dos 27 pequenos cubos, ou seja 162 u².

A chamada "tinta inteligente" suspende o processo de corrosão de uma chapa metálica tão logo ele se inicie. Ela contém nanopartículas de sílica, recobertas com polímeros e um composto anticorrosivo. Quando se inicia o processo de corrosão, o pH da superfície aumenta localmente. A mudança de pH faz com que o produto anticorrosivo seja liberado e atue apenas no local onde é necessário.

Outro tipo de tinta em estudo contém nanotubos de carbono, que mudam de resistividade nas trincas e pontos de corrosão; aplicando-se um campo elétrico no metal pintado e medindo-se suas propriedades elétricas em diversos pontos, podem-se detectar defeitos antes que sejam visíveis a olho nu.

As nanopartículas podem também ser usadas para modificar a cor da tinta, já que a sua absorção ou reflexão dos diversos comprimentos de onda da luz visível depende do seu tamanho.

Há ainda propostas para a fabricação de tintas que usam como matéria-prima os rejeitos de outras atividades. A tinta autorreparadora, por exemplo, é feita com uma rede de polímeros interconectados, que contêm moléculas de quitosana, composto derivado da casca de caranguejos e camarões. Quando a pintura sofre um arranhão, as ligações entre as moléculas se quebram, mas podem ser refeitas usando-se a energia da radiação ultravioleta. A luz do Sol é uma fonte de energia disponível que pode ser usada para a reparação da pintura; assim, se a carroceria de um veículo sofrer um arranhão durante o percurso, pode acontecer que a pintura esteja reparada quando o motorista chegar ao seu destino!

CAPÍTULO VI
PREVENÇÃO DE ACIDENTES

Parei na contramão ...
Arranquei à toda e sem querer avancei o sinal
O guarda apitou.[1]
"Parei na contramão", Roberto Carlos e Erasmo Carlos

Muitos dos cuidados tomados para prevenção de acidentes com automóveis são provenientes de estudos feitos para a prevenção de acidentes aéreos, que mais tarde foram adaptados para o uso automotivo.

Embora à primeira vista pareça o contrário, a situação atual é bem melhor que há 20 anos, com relação à prevenção de acidentes. O que ocorre é que o número de veículos em circulação aumentou enormemente, e os acidentes hoje são mais noticiados que há duas décadas.

A elevação da segurança veicular inclui três elementos fundamentais: o automóvel, o condutor e a via.

O **automóvel** tem sido objeto de múltiplos desenvolvimentos e aperfeiçoamentos procurando a elevação da segurança. Assim, diversos

---
[1] Um dos itens essenciais para a prevenção de acidentes é a regulamentação e fiscalização do fluxo viário.

dispositivos e sistemas têm sido desenvolvidos para aumentar a capacidade do veículo de evitar o acidente ou diminuir as suas consequências, como, por exemplo, os sistemas antibloqueio dos freios, conhecidos como "ABS", as bolsas de ar infláveis conhecidas como "*air bags*", etc.

No caso do **condutor**, não cabe dúvida quanto à importância da sua correta capacitação, para que esteja preparado para conduzir o veículo em segurança, em todas as condições operacionais possíveis. Também é importante a utilização permanente de técnicas de Direção Defensiva durante a condução do veículo.

O último elemento, a **via**, inclui todo o meio externo ao veículo, como a própria pista com toda a sua infraestrutura, a situação viária relacionada ao fluxo de outros veículos e de pedestres, e as condições climatológicas imperantes (temperatura, umidade, presença de chuva, ventos, visibilidade, etc.). Hoje em dia existem Centros de Controle Operacional do Trânsito, tanto em grandes cidades como em rodovias importantes, a partir dos quais é feito um gerenciamento completo do fluxo de veículos, através do monitoramento constante da situação real nas vias.

A união desses elementos num único sistema "automóvel–condutor–via" permite otimizar o trânsito e garantir a correta inter-relação entre seus três elementos componentes.

O funcionamento não satisfatório de um só desses elementos, a não correspondência de um com os outros ou a inexistência de uma inter-relação adequada entre eles leva à perda da capacidade de trabalho (falha) do sistema completo. A falha do sistema resulta em acidente. Esse evento ocorre quando as exigências da situação viária ultrapassam as possibilidades do organismo humano ou as próprias características construtivas do veículo. Nesse caso, a resposta do condutor já não será mais confiável e o veículo não responderá às exigências necessárias para lidar com a situação. Assim, o acidente será inevitável. Portanto, o aperfeiçoamento dos veículos, dos condutores e das pistas pode compensar as insuficiências psicofisiológicas do condutor e ajudar significativamente à prevenção de acidentes.

Entre outras ações que visam elevar a segurança veicular, foram desenvolvidos diversos equipamentos baseados em conceitos elementares da Física. A seguir, são descritos alguns deles.

Semáforos

O controle do fluxo de veículos nas cidades é feito usando-se os semáforos, onde as luzes vermelha, amarela e verde indicam, respectivamente, instruções para parar, ter atenção ou avançar. Atualmente os semáforos são automatizados, alternando os sinais através de um temporizador, ou, em casos especiais, podem ser ativados pela presença de veículos, através de sensores sob a pista. As lâmpadas usadas nos semáforos antigos foram substituídas por LEDs (do inglês *Light Emitting Diode* – diodo emissor de luz). Os semáforos podem ser alimentados pela rede elétrica ou por painéis solares.

Os LEDs são construídos usando-se semicondutores. Esses materiais não são bons condutores elétricos, mas podem ser modificados para aumentar sua condutividade, adicionando-se impurezas, que são átomos que contêm um elétron a mais ou a menos que o semicondutor. Materiais onde foram adicionadas impurezas com um elétron a mais são denominados tipo-N (negativo); se forem adicionados átomos com um elétron a menos, o semicondutor se torna do tipo-P (positivo).

No diodo, faz-se uma junção entre um material de tipo-N e outro, do tipo-P. A aplicação de uma diferença de potencial entre os dois lados da junção faz com que os elétrons em excesso se desloquem, para ocupar os "buracos", regiões com elétrons a menos (FIG. VI-1). Quando se ligam aos átomos que têm "buracos", os elétrons caem para um nível de energia inferior ao inicial, e a diferença de energia é emitida sob a forma de luz, de comprimento de onda bem definido.

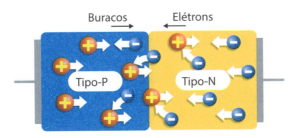

Figura VI-1: Os LEDs têm uma junção P-N onde elétrons se combinam com "buracos" e emitem luz.

As paredes dos LEDs são feitas de material que reflete a luz emitida, e o topo forma uma lente, que canaliza o feixe de luz (FIG. VI-2). A cor da luz do LED dependerá da diferença dos níveis de energia dos materiais que compõem os dois lados da junção.

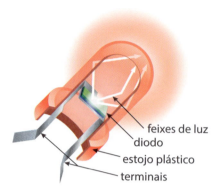

Figura VI-2: Estrutura de um LED

Os LEDs apresentam diversas vantagens sobre as lâmpadas convencionais:

- consomem pouca energia, pois emitem apenas luz visível, enquanto as lâmpadas de filamento emitem principalmente na faixa do infravermelho;
- pelo fato de não terem filamento aquecido, são mais duráveis;
- têm tamanho reduzido e podem ser inseridos em diversos tipos de circuito. No caso de sinais de trânsito, é usada uma placa com diversos LEDs; alguns terão vida útil mais longa que outros, e o conjunto pode ser trocado antes que pare completamente de funcionar;
- os LEDs emitem luz com maior intensidade que as lâmpadas, o que facilita a visualização do sinal de trânsito.

O tempo em que cada uma das luzes dos semáforos fica acesa é determinado levando-se em conta o fluxo de veículos em cada uma das vias do cruzamento. Ele pode ser alterado em ocasiões especiais, quando se prevê que uma das vias terá fluxo mais intenso do que o normal. Em locais onde há travessia de pedestres, as pessoas podem acionar manualmente um controle que "fecha" o sinal durante certo tempo.

Semáforos e daltonismo

Os semáforos representam uma dificuldade para as pessoas que têm deficiência na visão de cores, chamada daltonismo. A visão das cores é devida à presença no fundo do olho de células sensíveis ao vermelho, ao verde ou ao azul. Por causa de sua forma, essas células são chamadas cones. Nos daltônicos, alguns cones são ausentes ou pouco sensíveis; o caso mais comum é a dificuldade de se distinguir entre vermelho e verde, impedindo a interpretação dos sinais de trânsito. Normalmente, as pessoas com tal dificuldade se orientam pela posição das luzes do semáforo: a vermelha em cima ou à esquerda; porém, à noite, não é possível se enxergar as luzes que estão apagadas, e a referência se perde. Entre as soluções propostas, estão a colocação de uma faixa reflexiva, branca, ao lado da luz amarela (FIG. VI-3A), ou o uso de luzes com desenhos geométricos para cada cor: quadrado para vermelho, triangular para amarelo e circular para verde (FIG. VI-3B).

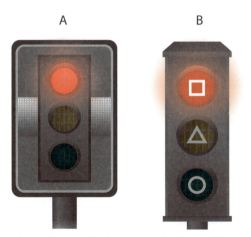

Figura VI-3: Propostas de semáforos que facilitam a identificação por daltônicos: em (A), uma barra reflexiva indica a posição da luz amarela; em (B), a cada cor é associada uma figura geométrica.
Fonte: http://www.daltonicosnotransito.com.br/

A primeira proposta está sendo implementada na cidade de São Paulo; a segunda existe em algumas cidades do Canadá como, por exemplo, em Halifax.

Medida da velocidade dos veículos

A velocidade máxima permitida para que o tráfego flua com segurança é determinada pelas condições da pista, pelo tipo de veículo, entre outros fatores, e regulamentada nos códigos de trânsito de cada país.

Para fins de fiscalização viária, utilizam-se diversas técnicas de medição da velocidade de um carro em uma via; quando a velocidade medida é maior que a permitida naquele local, é enviado um sinal para uma câmara, que fotografa a placa do veículo.

O aparelho de medida mais conhecido é o **radar**. O termo radar é um acrônimo do inglês *Radio Detection And Ranging* (detecção e localização por rádio). Os primeiros radares foram projetados com fins militares, para localização de aviões inimigos, e hoje são usados na aviação civil para controle do tráfego aéreo: o dispositivo emite um sinal na faixa das micro-ondas e recebe qualquer sinal refletido por um objeto em sua trajetória. O tempo decorrido entre a emissão do sinal e a chegada de sua reflexão indica a distância entre a fonte e o objeto.

O equipamento usado para medição da velocidade de veículos é uma adaptação dos radares originais. Ele emite radiação na faixa das micro-ondas e mede a velocidade do objeto através do fenômeno denominado efeito Doppler: quando a onda eletromagnética é refletida em um objeto em movimento, sua frequência se modifica; a variação na frequência é proporcional à velocidade do objeto.

Na FIG. VI-4A, vemos um carro que se desloca da esquerda para a direita, enquanto uma onda de frequência conhecida é emitida diante dele ou atrás dele. Ao se refletir no carro em movimento, a onda muda sua frequência e seu comprimento de onda. Na FIG. VI-4B, a onda refletida na direção do movimento tem comprimento de onda menor e, portanto, frequência maior; a onda refletida na direção contrária ao movimento tem comprimento de onda maior e frequência menor que a emitida.

A FIG. VI-4C ilustra a mesma situação, vista por outro ângulo: suponhamos que o ponto vermelho represente o objeto em movimento, que refletiu uma onda de frequência e comprimento de onda conhecidos. Quando o objeto se desloca da esquerda para a direita, as frentes de onda refletidas são comprimidas à frente, e espaçadas, atrás do objeto. Assim, a frequência observada é maior que a emitida, se o objeto se aproxima do observador (comprimento de onda menor, frequência maior). A diferença entre a frequência original e a refletida depende da velocidade do objeto.

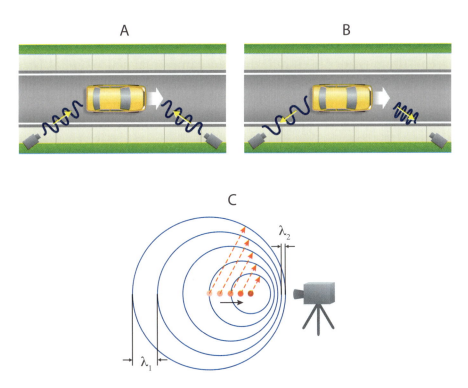

Figura VI-4: O efeito Doppler

Observação: o efeito Doppler também pode ser notado no som emitido por um automóvel em movimento: quando o carro se aproxima de uma pessoa em repouso, ao lado da pista de rolamento, essa pessoa percebe o ruído do motor como se fosse mais agudo (frequência mais alta, comprimento de onda menor) e, quando o carro se afasta, o som parece mais grave para o observador em repouso. Esse efeito é bem marcante nas corridas de Fórmula-1 e similares, em que a velocidade dos carros é muito elevada, e o ruído dos motores é bastante intenso.

Outro equipamento usado na medição de velocidade é o **lidar**: neste caso, um feixe de luz *laser* é enviado pelo dispositivo e refletido no objeto. Como a luz viaja a uma velocidade bem conhecida, o tempo decorrido durante o trajeto de ida e volta indica a distância entre o objeto e a fonte. Diversos pulsos *laser* são disparados a intervalos regulares, e a variação da distância entre o objeto e a fonte, durante os intervalos de tempo, indica a velocidade do objeto.

Nos aparelhos fixos, popularmente conhecidos como **pardais**, a passagem de veículos é detectada por equipamentos instalados sob a pista, constituídos por um circuito que gera campo magnético (FIG. VI-5). Por causa do material ferroso presente no veículo, sua passagem é registrada, pois provoca alterações nesse campo e modifica a indutância do circuito. A distância entre dois sensores é conhecida, e, assim, o tempo que o carro leva para passar de um sensor ao outro indica sua velocidade. Um terceiro sensor é utilizado para confirmar a medição.

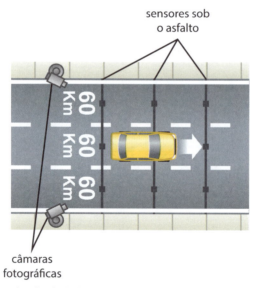

Figura VI-5: Medição da velocidade de um veículo por um sistema fixo

Nas chamadas **lombadas eletrônicas**, sensores colocados sob a pista são sensíveis ao peso de um objeto que passa sobre eles. Nesse caso, também se conhece a distância entre os sensores e se mede o intervalo de tempo necessário para que o veículo se desloque.

Medida do teor de álcool no sangue

É sabido que a ingestão de álcool diminui os reflexos do condutor e pode provocar acidentes graves. Devido a isso, a legislação de todos os países limita o nível de álcool na corrente sanguínea permitido ao condutor. No entanto, a medida direta do teor de álcool no sangue de uma pessoa exige a coleta do mesmo para análise laboratorial, procedimento que muitas vezes não pode ser feito *in loco*, no caso de suspeita de embriaguez do motorista. Por essa razão, são feitas determinações indiretas, das quais a mais comum é a determinação do teor alcoólico no ar exalado pelo condutor, usando os dispositivos popularmente chamados de bafômetros.

Após a ingestão de bebida alcoólica, o álcool fica em solução na corrente sanguínea. Quando o sangue passa pelos pulmões, as moléculas de álcool se desprendem e passam através dos alvéolos, formando uma solução gasosa com o ar contido no pulmão. A concentração de álcool no ar exalado é proporcional à concentração dele em solução na corrente sanguínea. O exame da concentração de álcool no ar exalado é não invasivo e pode ser relacionado com a concentração no sangue. Para a medição, o motorista sopra dentro de um recipiente, e a presença de álcool é determinada por diferentes processos.

Os primeiros aparelhos faziam essa determinação através da reação do álcool etílico com ácido sulfúrico e dicromato de potássio, de cor vermelha, formando, entre outros compostos, o sulfato de cromo, de cor verde[2]. A cor da solução final era comparada com um padrão, para indicar a quantidade de álcool que participou da reação.

Hoje, são utilizados aparelhos mais modernos e mais precisos: nos aparelhos portáteis, o álcool presente no ar exalado é oxidado em uma célula a combustível, descrita no Capítulo V. A corrente elétrica obtida é proporcional à concentração de álcool.

Para uso forense, é necessária maior precisão na medição, que pode ser obtida através da espectroscopia no infravermelho. A técnica

---

[2] $2K_2Cr_2O_7$ (vermelho) $+ 3CH_3CH_2OH + 8H_2SO_4 \xrightarrow{AgNO_3} 2Cr_2(SO_4)_3$ (verde) $+ 2K_2SO_4 + 3CH_3COOH + 11H_2O$

é baseada no fato de que a energia de vibração ou de rotação das moléculas depende da massa dos átomos que as compõem e da força de ligação entre esses átomos. Tais energias correspondem à energia da radiação infravermelha. Cada tipo de molécula absorve radiação infravermelha de frequência bem definida, capaz de excitar seus modos de vibração característicos.

Para se determinar a presença de álcool, ilumina-se com luz infravermelha a amostra do ar exalado e verifica-se a intensidade da luz absorvida nas frequências características das vibrações das moléculas do álcool etílico. A intensidade absorvida depende do número de moléculas de álcool presentes na amostra.

A FIG. VI-6A mostra a molécula do etanol e algumas vibrações dos seus átomos. Na FIG. VI-6B, é mostrado o espectro de transmitância no infravermelho dessa molécula, com alguns valores característicos da absorção do etanol, dados em número de onda[3]. Pode-se notar que, na faixa em torno de 3.300 cm^{-1}, praticamente nenhuma intensidade da luz é transmitida (transmitância próxima de zero), pois a luz foi absorvida para promover a vibração das ligações O—H. A transmitância também tem valores próximos de zero para os valores de 1.000 cm^{-1}, devido à vibração assimétrica do conjunto C—C—O, e próximo a 800 cm^{-1}, por causa da vibração simétrica desse mesmo conjunto. As pequenas setas sob o símbolo dos átomos de carbono e oxigênio indicam a direção do movimento relativo desses átomos, durante a vibração.

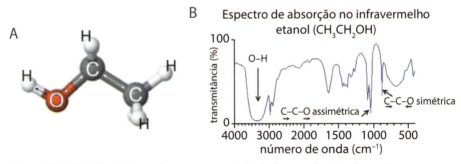

Figura VI-6: (A) Molécula de etanol, com a representação de algumas vibrações de seus átomos. (B) Espectro de transmissão da luz que incidiu sobre a molécula

---

[3] O número de onda é o inverso do comprimento de onda λ e geralmente é dado em unidades de cm^{-1}:
$$n = \frac{1}{\lambda}$$

SUGESTÕES PARA LEITURA

Os conceitos de Física e de Mecânica discutidos neste livro podem ser encontrados em livros básicos, como, por exemplo:

ARIAS PAZ, M. *Manual de automóveis*. 2. ed. Curitiba: Hemus Editora, 2012.

BOSCH, R. *Manual de tecnologia automotiva*. Trad. da 25. ed. alemã. São Paulo: Edgard Blücher, 2004.

HALLIDAY, D; RESNICK, R.; KRANE, K. S. *Física*. 4. ed. Rio de Janeiro: LTC, 1996.

HEWITT , Paul G. *Física conceitual*. 11. ed. Porto Alegre: Bookman, 2011.

MÁXIMO, Antônio; ALVARENGA, Beatriz. *Física* – volume único. 2. ed. São Paulo: Scipione, 2007.

RODITCHEV, V.; RODITCHEVA, G. *Tratores e automóveis*. Moscou: Ed. Mir, 1987.

O livro abaixo foi disponibilizado pelo autor em pdf gratuito:
<https://portalidea.com.br/cursos/noes-bsicas-de-mecnica-automotiva-apostila03.pdf>. Acesso em: abr. 2024.

Algumas páginas da internet oferecem informação sobre a estrutura e o funcionamento do automóvel e sua relação com a Física:

<http://uol.com.br/carros/>. Acesso em: abr. 2024.
<http://educacao.uol.com.br/disciplinas/quimica/quimica-do-automovel-1-combustao-da-gasolina-e-do-alcool.htm>. Acesso em: abr. 2024.
<http://auto.howstuffworks.com/>. Acesso em: abr. 2024.
<https://www.thedrive.com/category/guides-and-gear>. Acesso em: abr. 2024.
<http://www.explainthatstuff.com/>. Acesso em: abr. 2024.
<http://www.exploratorium.edu/>. Acesso em: abr. 2024.

Este livro foi composto com tipografia Minion Pro e impresso
em papel Off Set 90 g/m² na Gráfica Rede.